從優格酵母養成開始！

動手作 25 款甜鹹麵包

Roti Orang 堀田 誠◎著

前言

初次挑戰手作麵包的烘焙愛好者，多半都使用了酵母吧！
最初只是被出爐麵包的美味撼動味蕾，
於是許下了「想作出更具層次風味的麵包」這樣單純的願望。

因此從培育酵母開始，藉由窺探「自然發酵種」魯邦酵母的世界，
深深感受到古早麵包職人深不可測的技術，
同時也經由製作麵包的過程，享受到更上一階的美味。

這就是起源於法國，並流傳至歐洲的輕酸口味麵包。
附著在小麥上的微生物，不僅只有酵母，
更利用乳酸菌來培育發酵種，提引出小麥的美味，作出帶有獨特酸味的麵包。

本書介紹了即使是初學者，也能在短時間內藉由市售優格培育出小麥發酵種的方法。
雖然製作方法和原本有著些許差異，但著重於附在小麥上的微生物這點是不變的。

因為和傳統「魯邦種（LEVAIN）」的作法有些許差異，
在此不稱作「魯邦種」，而是以日文平假名「るゔぁん（RUVAN）」記述，
以此向傳統的法國麵包職人致上崇高敬意。
同時也希望能以平假名帶來深刻的日本流印象，
本書食譜的作法也大多偏向和風。
此外，本書更使用兩種麵團重疊成型（大理石麵包），並清楚呈現烘焙前後的切面。
雖然在製作過程中無法以肉眼見到麵團的變化，
但是能夠知道麵團將會變得如何，也就更能期待烘焙出爐的成果。

學會使用優格酵母帶出小麥酵母原有的美味與酸味後，
也請務必嘗試從水果中培育的自然發酵種。
希望能夠藉由優格酵母，為您開啟魯邦種酵母的大門。

Roti Orang 堀田　誠

目　錄

脆皮麵包

黑麥麵包

法式山形吐司

布里歐麵包

○ 為了確保計量準確，材料皆以g統一度量。

○ 烤箱使用一般電烤箱。多少還是會因為機種不同需要微調，請一邊觀察烘烤狀況，一邊增減烘烤時間。

「るゔぁん／RUVAN」
是什麼呢？

法文中的「魯邦種（Levain）」為「自然發酵種」之意。

「魯邦種」源自於法國，是小麥或者裸麥自然發酵而成的酵母，
其培養過程不僅十分困難，需時也較長。

本書中，為了想要利用附著於小麥上的酵母與乳酸菌輕鬆製作麵包，
於是借用了優格的力量。
和以小麥發酵的乳酸菌僅有些微差異，
目的在於透過優格，培養出複合體的「酵母乳酸菌」。

為了更快速的培育出酵母，
本書使用了「魯邦種」發酵過程中所沒有的加熱殺菌蜂蜜。

因為這些差異，個人覺得不能稱為傳統的魯邦種法國麵包，
因此不以「魯邦種（Levain）」為名，改以「るゔぁん／Ruvan」來代稱。
四大基本麵包亦改為：
「脆皮麵包／ふぉんせ／Fonse」、「黑麥麵包／せーぐる／Seeguru」、「法式山形吐司／
ぱん・ど・み／Pan do mi」、「布里歐麵包／ぶりおっしゅ／Buriossyu」的日式拼音寫法，
作為區別。

優格酵母的
優點

透過隨手可得的優格就能輕鬆製作麵包，是多麼吸引人的一件事啊！

使用優格不但帶來下述四大優點，

更確信即使是初次挑戰自然發酵種手工麵包也不會失敗，

一定可以烘焙出美味可口的麵包。

① 優格內含的「乳」成分具有除臭效果，可以緩和小麥獨有的
強烈穀物氣味。

② 乳酸菌具有抑制其他雜菌繁殖的效果（較不容易發霉）。

③ 藉由乳酸菌的幫助，可以打造出容易繁殖酵母的環境。

④ 優格具有強烈酸性，可以軟化麵包材料內含的蛋白質，
讓麵包呈現出各式各樣獨特的口感。

優格酵母的起種方法

即使是烘焙新手也能輕鬆製作優格酵母（優格種）。
優格酵母獨有的美味以及確實發酵的優點，能夠適用於任何麵包。
起種的方法有很多，本書介紹的是僅需混合材料，
就能利用附著於小麥的酵母＆優格的乳酸菌使麵包種發酵的簡易法，
而且短時間之內就可以完成。

材料　容易製作的份量

		續種的份量
□ 全麥麵粉	200g	50g
□ 水	200g	50g
□ 優格（原味）	200g	50g

＊ 選用未加入pH調整劑等食品添加物。

□ 蜂蜜（純蜜）	20g	5g
	失去活力的酵母→	25g
總量	620g	180g

為了讓混合完成的溫度保持在27℃至28℃，需要調整水的溫
度。套用以下的算式就能算出使用的水溫。
「110－室溫－麵粉溫度－優格溫度＝水的溫度」
但是，若水溫為50℃以上時，
優格也需以隔水加熱的方式加熱至40℃左右。

事前準備

仔細將密封容器清洗乾淨，以酒精或熱水消毒。
＊ 若是只想製作一半的份量，所有材料皆減半使用即可。但
是由於材料的份量減少，發酵溫度也容易降低，需特別注
意這點。

優格種酵母因發酵時間過長，失去活力的時候……

完成優格種酵母之後，放入冰箱冷藏可保存一星
期左右。時間過長就會開始產生酸味，並且漸漸
失去活力。此時，有個簡單的方法可以使酵母復
活。以上述的份量及相同的條件再度發酵約五個
小時，即可使酵母復活（續種）。如此一來，酵
母又可在冰箱內保存一個星期左右。

作法

在密封容器內放入麵粉以外的材料，並以打蛋器攪拌均勻。

加入麵粉，再次以打蛋器攪拌均勻。攪拌完成的溫度為27℃至28℃。

蓋上蓋子，維持30℃發酵24至48小時。每隔12小時取出，以打蛋器攪拌混合。當整體布滿許多細小的氣孔即完成之時。

＊請在此步驟確認酵母的酸味。因為此時的酸味會成為接下來的基準。

使用市面販售的優格就OK！

無論是什麼品牌的優格，只要是原味的優格都可以。但請勿使用添加pH調整劑的優格。本書所使用的優格為小岩井生乳100％優格與Kasupi海優格。

其他的麵粉亦可製作優格酵母！

石臼研磨麵粉或有機麵粉（高筋麵粉、低筋麵粉皆可）都可以用來製作優格種酵母。不同麵粉可以製作出各式各樣富含小麥風味的酵母，請務必嘗試看看！

烘焙麵包小知識

優格酵母培養完成後，即可開始烘焙麵包。
由於製作麵包的過程中會出現不少專業用語，
首先就來熟悉一下它們代表的意義吧！

烘焙百分比%

本書中的麵包材料皆載明份量及烘焙百分比%。烘焙百分比%並非將整體材料當成100%，而是將麵粉的量當成100%，並以此為基準標示其他材料的比例。如此一來，不論想要製作少量麵團還是大量麵團，都可以簡單計算出各材料的用量。

揉麵	麵團溫度	一次發酵

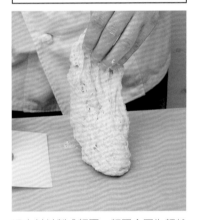  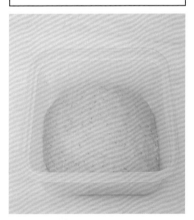

混合材料製成麵團。麵團會因為麵粉種類不同而產生差異。為了達到混合均勻的狀態，會採用符合麵粉特性的手揉方法。

酵母是以本身的酵素分解材料，並藉由產生的營養素為原料進行發酵。如果酵母與酵素的發酵狀況良好，麵團就會平均膨脹，成為美味的麵包。本書將麵團溫度設定在23℃至27℃之間。請於揉麵完成後，將料理溫度計插入麵團中，確認麵團的溫度。

揉麵完成的麵團裡所含的酵母，在麵筋之間藉由發酵而產生氣孔（二氧化碳）的過程。麵包的風味、美味、香氣會在此階段熟成。若想作出柔軟蓬鬆的麵包，就要在短時間內讓酵母活躍起來；若想作出風味極佳的麵包，則需要延長發酵的時間。本書會將麵團置於冰箱，使其發酵一晚。

翻麵	分割・滾圓	中間發酵

目的在於消除一次發酵中所形成的氣孔（二氧化碳）。重複將麵團的背面翻至正面，形成摺疊狀，使麵團內的溫度與氣孔平均分布。本書是以強化麵筋為目的進行翻麵。	重新調整一次發酵後變形的麵筋，使整體的鬆弛程度與氣孔大小一致，同時統整麵包的形狀與重量。在此階段統一調整各個麵團，成型時即使稍微用力也不用擔心麵包的麵筋會變形。	經過分割・滾圓等調整氣孔的過程後，再次靜置使麵團稍微發酵變大、麵筋鬆弛，呈現容易成型的狀態，亦稱醒麵。

成型	最後發酵	烘烤

調整形狀的最後步驟。	使麵團與麵筋再次延伸，產生口感、風味及香氣。	麵筋少的麵團如「脆皮麵包」，與麵筋多的麵團如「法式山形吐司」或「布里歐麵包」，烘烤所需的溫度與時間各不相同。通常麵筋少的麵團會在表面劃上割紋，並且需要長時間高溫烘烤。因為熱氣不容易傳入麵團內，為了讓麵筋內的蛋白質凝固，需要花上一些時間。麵筋多的麵團則是會形成薄膜狀，所需的溫度較低，且內含大量氣孔，導熱也比較迅速，因此烘烤的時間較短。

烘烤麵包時在烤箱裡放入熱水

由於烤箱內呈現高溫狀態，在麵團膨脹前，表面先凝固會妨礙麵團內側膨脹，為了不讓麵團的表面過於乾燥，請在烤盤下方放入15ml至30ml的熱水，以便在烤箱內產生水蒸氣。

烘焙工具

下列工具皆為日常生活中常見且容易取得的料理器具。
其中比較特別的，是湯匙形的電子秤與料理溫度計。
湯匙形電子秤在測量少量的酵母時非常方便，
料理溫度計則是在揉麵完成時使用，
請先準備這兩樣方便的工具吧！

測量二三事

本書所有材料皆以「公克」計量。選擇可以測量至0.1g
的電子秤較為方便。湯匙形電子秤則是在測量少量的酵
母時使用。

Ⓐ密封容器	Ⓘ打蛋器
Ⓑ調理盆	Ⓙ刷子
Ⓒ烘焙紙	Ⓚ橡膠刮刀
Ⓓ電子秤	Ⓛ計時器
Ⓔ料理溫度計	Ⓜ篩子
Ⓕ砧板	Ⓝ線剪
Ⓖ擀麵棍	Ⓞ小刀
Ⓗ刮板	Ⓟ重疊兩層的工作手套

電烤箱

本書使用電烤箱進行烘烤。選擇具有過熱水蒸氣功能的烤箱比較方便。食譜中的烘烤階段標示著「有蒸氣」、「無蒸氣」，就是使用過熱水蒸氣功能的時候。雖然沒有過熱水蒸氣功能也能以相同的溫度及時間烘烤麵包，但是麵包上的割紋與麵包膨脹的形狀則會有些許差異。

關於預熱

烘烤麵包時，預熱烤箱是非常重要的步驟。請在烘烤前30分鐘開始預熱。本書烤箱預熱的溫度為250℃，若家中烤箱沒有到250℃，請以最高溫度進行預熱。預熱時，請將烤盤放入烤箱中一起預熱。

發酵器

可以設定溫度、時間使麵團更容易發酵，所以擁有發酵器會比較方便。本書介紹的型號為可以摺疊的款式，能夠輕鬆收納。如果沒有發酵器，請使用烤箱的發酵功能。

使用不具發酵功能的烤箱時

於保麗龍盒（盒內尺寸約為20×30×高約15cm）內進行一次發酵時，需在盒內注入7至8cm高的35℃熱水，將麵團放入密封容器後，使其浮於水面（麵團會膨脹為1.5至2倍大）。最後發酵時，則是將裝有麵團的模型與裝入熱水的杯子一同放入保麗龍盒，蓋上蓋子。不論是一次發酵還是最後發酵，皆需中途確認保麗龍盒中的溫度。

模型

本書各個食譜皆明確記載了所使用的模型。
以陶鍋來說，即使手邊沒有完全相同的也不要緊，
只要使用大小差不多的容器來取代就可以了。
依模型的大小不同，麵團的分割或成型作法也有差異，請特別注意。

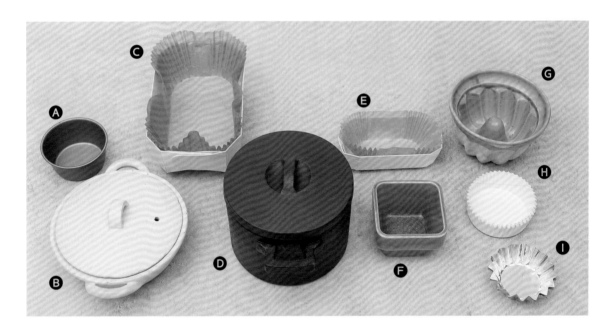

Ⓐ布丁杯
直徑（上）7.2×直徑（下）5.6×高3.4cm

Ⓑ淺型陶鍋
直徑（上）18.2×直徑（下）15.3×高4.2cm
（加蓋為7cm）daube 5號鍋／SOBOKAI

Ⓒ木烤模大（No.3）
上17.5×11×高6cm，底12.5×7cm
附耐熱矽膠紙／CUOCA

Ⓓ深型陶鍋
直徑（上）17.8×直徑（下）13.4×高8.8cm
（加蓋為11cm）garbure 5號鍋／SOBOKAI
＊不論是深型還是淺型，使用陶鍋時皆不加蓋。

Ⓔ木烤模小（No.1）
上11.5×6×高2.5cm，底8×3.5cm
附耐熱矽膠紙／CUOCA

Ⓕ方形陶缽
7.5×7.5×高4.9cm
placca 75 square fuka／SOBOKAI

Ⓖ咕咕霍夫模型
內徑12×高7cm的陶器／MATFER

Ⓗ麵包紙模（純白無印刷）
直徑7×高2.5cm／木村ARUMI-HAKU

Ⓘ蛋糕鋁箔杯（朝顏）
直徑4.4×高2.3cm／CUOCA

【其他還有直徑18cm的碗】

材料

除了主要的麵粉之外，還使用了酵母粉（yeast）、鹽、砂糖等材料。
麵粉或砂糖皆有各式各樣的種類，請依想製作的麵包類型選擇即可；
鹽使用天然鹽；奶油請選擇無鹽奶油。

麵粉	酵母・鹽・糖類

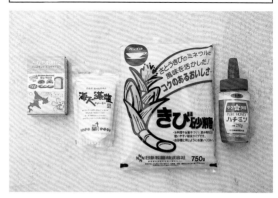

高筋麵粉（春豐blend／夢之力）

100%使用北海道小麥製造而成的高筋麵粉。帶有深度
的風味與甜味，可以烤出扎實又蓬鬆的麵包。帶有彈力
的夢之力（ゆめちから），可以作出Q彈的口感。

全麥麵粉

以石臼研磨麵包用小麥的全麥麵粉。帶有石臼特有的味
道與風味，並富含礦物質等營養素。

裸麥麵粉（黑麥）

擁有扎實的風味，很適合製作黑麥麵包與德國麵包。帶
有獨特的酸味與甜味。

中高筋麵粉（TYPE ER）

法國麵包等歐式麵包的專用麵粉，可以作出小麥風味濃
郁、層次深厚的麵包。

酵母

為了減短發酵時間，於是加入少量的酵母粉。選擇可以
直接使用的速發乾酵母（Instant Dry Yeast）比較方
便。本書使用的是「とかち野酵母」（日本甜菜製糖）。
亦可選擇其他品牌的速發乾酵母，依品牌不同，發酵狀
態也會稍有差異。

鹽

市面上有著各式各樣的鹽，在此推薦使用富含多種礦物
質的天然鹽。本書使用的是「海人の藻塩」（蒲刈物
產）。

糖

製作麵包時，選擇容易溶解的顆粒糖或液態糖比較容易
操作。蔗糖、蜂蜜、椰棗糖漿等，糖的種類很多，味道
也不相同，請依製作麵包的種類作選擇。

關於奶油

本書使用的是無須另外調整鹽分濃度的無鹽奶油。尤其
推薦風味更佳的發酵奶油。

可以品嘗小麥原有的麥香風味。割紋確實綻開，帶有法國麵包獨有酥脆的口感，是絕品的美味。

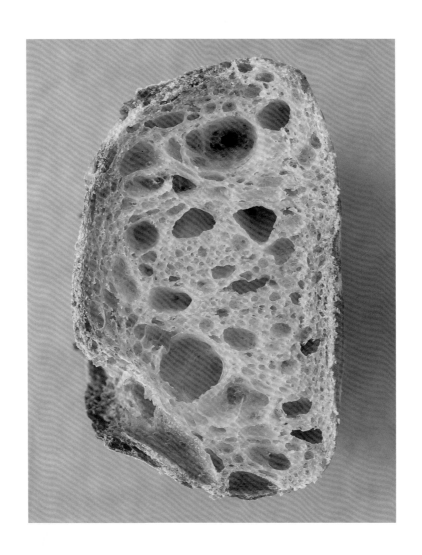

脆皮麵包

這是一款可以同時享受小麥烘烤後的香氣與發酵風味的麵包。請務必在剛出爐之時品嘗。練習如何完美呈現傳統法式麵包的塑形與割紋,也是製作脆皮麵包的樂趣呢!

脆皮麵包

材料　2個份

		烘焙百分比%
□ 中高筋麵粉	200g	100%
□ 酵母粉（とかち野酵母）	0.6g	0.3%
□ 優格酵母	40g	20%
□ 天然鹽	4.0g	2.0%
□ 水	140g	70%
總量	384.6g	192.3%
□ 手粉（高筋麵粉）	適量	

→揉麵的水溫請調整為「75－室溫－麵粉溫度」。

→烤箱請於烘烤前30分鐘開始預熱至250℃。

流程

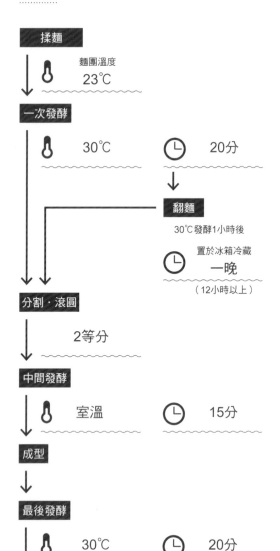

揉麵

🌡 麵團溫度 23℃

一次發酵

🌡 30℃　🕐 20分

翻麵

30℃發酵1小時後

🕐 置於冰箱冷藏 一晚

（12小時以上）

分割·滾圓

2等分

中間發酵

🌡 室溫　🕐 15分

成型

最後發酵

🌡 30℃　🕐 20分

烘烤

🌡 有蒸氣 220℃　🕐 10分

轉換烤盤的方向

🌡 無蒸氣 250℃　🕐 18～20分

作法

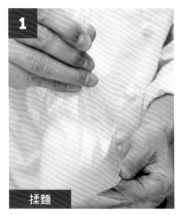

揉麵

將麵粉和酵母粉放入塑膠袋內搖晃，混合均勻。

在調理盆內放入鹽、水、優格酵母，並將步驟 **1** 倒入。

以橡膠刮刀由下往上翻攪。

持續由下往上翻攪。重複動作直至麵粉完全融合為止。完成的麵團溫度為23℃。

將麵團放入密封容器中，蓋上蓋子，以30℃發酵20分鐘。

一次發酵

20分鐘後。麵團膨脹至整個容器底部。

翻麵

將刮板沿容器壁面插入。

由「右→左」將麵團鏟起，往中央摺疊。

由「左→右」將麵團鏟起，往中央摺疊。

由「上→下」將麵團鏟起，往中央摺疊。

由「下→上」將麵團鏟起，往中央摺疊。

完成。

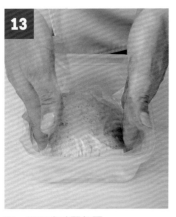

取一塑膠袋貼緊麵團。

＊ 任何材質的塑膠袋皆可。保鮮膜容易陷入麵團之中難以分離，請盡量避免使用。

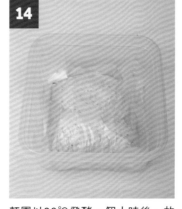

麵團以30℃發酵一個小時後，放入冰箱冷藏一晚（12小時以上）使其緩慢發酵。

麵團膨脹至1.5～2倍時即完成。

分割・滾圓

輕輕撕下塑膠袋，在作業檯與麵團撒上大量的手粉。

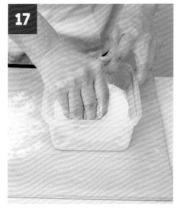

刮板沿容器壁面插入，往中央推擠麵團。

反轉容器將麵團倒在作業檯上。

將麵團分成2等分。

以電子秤過秤,將每一等分調整為均重190g。

取其中一個麵團,提起靠近自己的下端。

由下往上摺起約⅓。

再次由下往上對摺。

將摺疊的開口朝下。

另一個麵團也進行相同的動作。

中間發酵

在麵團上方蓋上擰乾的濕布巾,在室溫下靜置15分鐘。

靜置醒麵後,麵團整體又膨脹一圈。

成型

在作業檯撒上手粉。

取步驟**27**的一個麵團,翻面後放在作業檯上,雙手沾上手粉後,提起靠近自己一側的麵團。

往上摺起約⅓。

輕輕壓緊開口。

提起麵團上方。

往下方對摺。

輕輕壓緊開口。

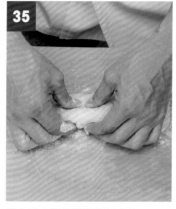

將右手大拇指置於麵團中心。

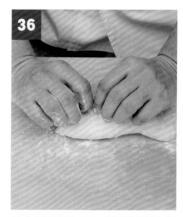

以左手輕輕加壓,將麵團再次對摺。

37

壓緊開口。

38

撒上大量手粉。

39

將麵團滾動一圈。另一個麵團也以同樣手法成型。

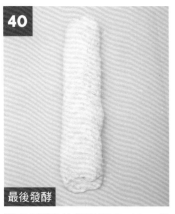

40

最後發酵

麵團分別置於裁切成20×30cm的烘焙紙上,以30℃發酵20分鐘。

41

20分鐘後。麵團整體膨脹並鬆弛擴張。

42

烘烤

將麵團置於木板上,以小刀快速地在麵團中央劃上一道深1mm的割紋。

43

將麵團放入預熱至250℃的烤箱,烤盤置於上層。

44

下層烤盤放入約15ml的熱水。

45

以220℃烘烤10分鐘(有蒸氣),轉換烤盤的方向後,再以250℃烘烤18至20分鐘(無蒸氣)。

原味麵團結合帶有鮮豔綠色的抹茶麵團。訣竅
是確實敲打原味麵團內側的抹茶麵團，使其與
原味麵團緊密結合。

「脆皮麵包」變化款
抹茶大理石

材料&作法　2個份

→ 麵團的詳細製作流程請參考P.21至P.25。

…… 原味麵團

		烘焙百分比%
□ 中高筋麵粉	100g	100%
□ 酵母粉（とかち野酵母）	0.3g	0.3%
□ 優格酵母	20g	20%
□ 天然鹽	2.0g	2.0%
□ 水	70g	70%
總量	192.3g	192.3%

……抹茶麵團

		烘焙百分比%
□ 中高筋麵粉	97g	97%
□ 抹茶	3g	3%
□ 酵母粉（とかち野酵母）	0.3g	0.3%
□ 優格酵母	20g	20%
□ 天然鹽	2.0g	2.0%
□ 水	70g	70%
總量	192.3g	192.3%

□ 手粉（高筋麵粉）	適量

→揉麵的水溫請調整為「75－室溫－麵粉溫度」。
→烤箱請於烘烤前30分鐘開始預熱至250℃。

① 〈揉麵〉原味麵團的麵粉、酵母粉，與抹茶麵團的麵粉、抹茶、酵母粉分別放入塑膠袋中搖晃，混合均勻。

② 準備兩個調理盆，各自放入鹽、水、優格酵母，再分別倒入步驟①。

③ 兩盆皆以橡膠刮刀由下往上翻攪，確實攪拌混合直至麵粉完全融合。完成的麵團溫度為23℃。

④ 〈一次發酵〉分別將麵團放入密封容器內，以30℃發酵20分鐘。

⑤ 〈翻麵〉刮板沿容器壁面插入，分別依「左右→上下」的順序，將2種麵團往中央摺疊集中。

⑥ 分別取塑膠袋緊貼麵團，以30℃發酵1小時後，放入冰箱冷藏一晚（12小時以上）使其緩慢發酵。待麵團膨脹至1.5～2倍時即完成。

⑦ 〈分割·滾圓〉輕輕撕下塑膠袋，在麵團與作業檯撒上大量的手粉。

⑧ 刮板沿容器壁面插入，分別往中央推擠麵團，再反轉容器，將麵團倒在作業檯上。

⑨ 使用電子秤分別將麵團分成2等分（1個約為95g）。

⑩ 以原味麵團為底，疊上抹茶麵團，如圖ⓐ。後續作法同脆皮麵包步驟21至45（P.23至P.25）。

◎ 成型後，麵團中間的模樣。
抹茶麵團確實地捲入原味麵團之間，呈現漂亮的層次。

ⓐ

這是一款可以同時品嘗抹茶香氣＆獨特澀味，以及大納言紅豆甘甜美味的麵包。由於已在烘烤前扭轉麵團，作出蓬鬆感，因此不劃上綻開的割紋。

「脆皮麵包」變化款
抹茶＋大納言

材料＆作法　4個分

		烘焙百分比%
□ 中高筋麵粉	194g	97%
□ 抹茶	6g	3%
□ 酵母粉（とかち野酵母）	0.6g	0.3%
□ 優格酵母	40g	20%
□ 天然鹽	4.0g	2.0%
□ 水	140g	70%
總量	384.6g	192.3%

□ 大納言紅豆	60g	30%

＊市售罐頭

□ 手粉（高筋麵粉）	適量

→揉麵的水溫請調整為「75－室溫－麵粉溫度」。
→烤箱請於烘烤前30分鐘開始預熱至250℃。

→ 麵團的詳細製作流程請參考P.21至P.25。

① 〈揉麵〉將麵粉、抹茶與酵母粉放入塑膠袋中搖晃，混合均勻。

② 在調理盆內放入鹽、水、優格酵母，倒入步驟①。

③ 以橡膠刮刀由下往上翻攪，確實攪拌混合直至麵粉完全融合。完成的麵團溫度為23℃。

④ 〈一次發酵〉將麵團放入密封容器內，以30℃發酵20分鐘。

⑤ 〈翻麵〉刮板沿容器壁面插入，分別依「左右→上下」的順序，將麵團往中央摺疊集中。

⑥ 取塑膠袋緊貼麵團，以30℃發酵1小時後，放入冰箱冷藏一晚（12小時以上）使其緩慢發酵。

⑦ 〈分割‧滾圓〉待麵團膨脹至1.5～2倍時，輕輕撕下塑膠袋。

⑧ 在麵團與作業檯撒上大量的手粉。刮板沿容器壁面插入，分別往中央推擠麵團，再反轉容器，將麵團倒在作業檯上。

⑨ 如圖ⓐ，將大納言紅豆撒在麵團上，提起靠近自己一側的麵團，由下往上摺起約⅓，再往上對摺（參考P.23）。

⑩ 〈中間發酵〉在麵團上方蓋上擰乾的濕布巾，在室溫下靜置15分鐘醒麵。

⑪ 疊合處的開口朝下，如圖ⓑ切成4等分，並撒上大量手粉。

⑫ 〈最後發酵〉分別將麵團置於裁切成20×30cm的烘焙紙上，以30℃發酵15分鐘。

⑬ 取一個麵團，由中央往外側扭轉2次如圖ⓒ，再放回烘焙紙上。其餘三個麵團也以相同手法扭轉成型。

⑭ 〈烘烤〉將步驟⑬置於木板上，將麵團放入預熱至250℃的上層烤盤。

⑮ 下層烤盤放入約15ml的熱水，以220℃烘烤10分鐘（有蒸氣）。

⑯ 打開烤箱，轉換烤盤的方向後，再以250℃烘烤15至18分鐘（無蒸氣）。

在充滿辛香料的麵團裡，加入鹹香培根丁及奶油起司，烘烤出圓潤口感的咖哩麵包。割紋使用前端尖細的剪線剪出，即使是初學者也能輕鬆完成。

「脆皮麵包」變化款
咖哩＋炸洋蔥酥＋培根塊＋乳酪

材料＆作法　4個份

使用模型：布丁杯

		烘焙百分比%
□ 中高筋麵粉	197g	98.5%
□ 酵母粉（とかち野酵母）	0.6g	0.3%
□ 優格酵母	40g	20%
□ 天然鹽	4.0g	2.0%
□ 水	140g	70%
□ 咖哩粉	3.0g	1.5%
□ 炸洋蔥酥	10g	5.0%
總量	397.6g	198.8%

□ 培根丁	30g	15%

* 培根切成8mm小丁，加入適量黑胡椒調味。

□ 奶油起司	40g	20%

* 切成5至8mm小丁。

□ 手粉（高筋麵粉）　適量

→揉麵的水溫請調整為「75－室溫－麵粉溫度」。
→烤箱請於烘烤前30分鐘開始預熱至250℃。

ⓐ

ⓑ

ⓒ

ⓓ

→ 麵團的詳細製作流程請參考P.21至P.25。

① 〈揉麵〉將麵粉、咖哩粉、炸洋蔥酥與酵母粉放入塑膠袋中搖晃，混合均勻。

② 在調理盆內放入鹽、水、優格酵母，倒入步驟①

③ 以橡膠刮刀由下往上翻攪，確實攪拌混合直至麵粉完全融合。完成的麵團溫度為23℃。

④ 〈一次發酵〉將麵團放入密封容器內，以30℃發酵20分鐘。

⑤ 〈翻麵〉刮板沿容器壁面插入，分別依「左右→上下」的順序，將麵團往中央摺疊集中。

⑥ 取塑膠袋緊貼麵團，以30℃發酵1小時後，放入冰箱冷藏一晚（12小時以上）使其緩慢發酵。

⑦ 〈分割・滾圓〉待麵團膨脹至1.5～2倍時，輕輕撕下塑膠袋。

⑧ 在麵團與作業檯撒上大量的手粉。刮板沿容器壁面插入，分別往中央推擠麵團，再反轉容器，將麵團倒在作業檯上。

⑨ 使用電子秤將麵團分成4等分後（1個約為95g），靜置發酵5分鐘〈中間發酵〉。

⑩ 〈成型〉取一個麵團，將四個角往中央摺入後，放上培根丁如圖ⓐ。再次將麵團的四個角往中央摺入後，放上奶油起司如圖ⓑ。

⑪ 再一次將麵團的四個角往中央摺入，以手指捏緊收合麵團的中心點。

⑫ 撒上大量的手粉，開口朝下放入模型如圖ⓒ。剩餘的3個麵團也以相同手法成型。

⑬ 〈中間發酵〉以30℃發酵15分鐘。

⑭ 〈烘烤〉分別在4個麵團表面以線剪剪出十字割紋，如圖ⓓ。將麵團放入預熱至250℃的上層烤盤。

⑮ 下層烤盤放入約15ml的熱水，以220℃烘烤10分鐘（有蒸氣）。

⑯ 打開烤箱，轉換烤盤的方向後，再以250℃烘烤15至18分鐘（無蒸氣）。

結合紅味噌與乳酪的發酵食品組合，是一款帶有醇厚風味的麵包。因為加入了毛豆，也很適合當作下酒菜享用。以廚房剪刀大膽剪成麥穗造形，完成容易與他人分食的麵包。

毛豆＋格魯耶爾乳酪

材料＆作法　2個份

		烘焙百分比%
□ 中高筋麵粉	200g	100%
□ 酵母粉（とかち野酵母）	0.6g	0.3%
□ 優格酵母	40g	20%
□ 紅味噌	20g	10%
□ 水	140g	70%
總量	400.6g	200.3%
□ 毛豆	40g	20%

＊以鹽水煮過並剝去豆莢。

| □ 格魯耶爾乳酪 | 20g | 10% |

＊選用絲狀產品。

| □ 手粉（高筋麵粉） | 適量 | |

→揉麵的水溫請調整為「75－室溫－麵粉溫度」。
→烤箱請於烘烤前30分鐘開始預熱至250℃。

→ 麵團的詳細製作流程請參考P.21至P.25。

① 〈揉麵〉將麵粉與酵母粉放入塑膠袋中搖晃，混合均勻。

② 在調理盆內，放入紅味噌、水、優格酵母，以打蛋器攪拌均勻。

③ 將步驟①倒入步驟②，以橡膠刮刀由下往上翻攪，確實混合均勻。

④ 攪拌混合直至麵粉完全融合。完成的麵團溫度為23℃。

⑤ 〈一次發酵〉將麵團放入密封容器內，以30℃發酵20分鐘。

⑥ 〈翻麵〉刮板沿容器壁面插入，分別依「左右→上下」的順序，將麵團往中央摺疊集中。

⑦ 〈中間發酵〉與脆皮麵包步驟**13**至**27**（P.22至P.23）相同。

⑧ 〈成型〉在作業檯上撒上手粉，將麵團倒在作業檯上，撥掉多餘的麵粉。

⑨ 提起靠近自己一側的麵團，由下往上摺起約⅓，放上乳酪如圖ⓐ之後，再將上方麵團往下摺⅓，包起乳酪。

⑩ 將毛豆置於麵團中央排成一列，一邊壓住毛豆，一邊將麵團對摺如圖ⓑ。

⑪ 撒上大量手粉後，將麵團翻面放置。另一個麵團也以相同手法成型。

⑫ 〈最後發酵〉分別將麵團置於裁切成20×30cm的烘焙紙上，以30℃發酵20分鐘。

⑬ 〈烘烤〉麵團以廚房剪刀交錯剪出平均的7等分如圖ⓒ。另一個麵團也以相同手法剪出形狀。

⑭ 將步驟⑬置於木板上，將麵團放入預熱至250℃的上層烤盤。

⑮ 下層烤盤放入約15ml的熱水，以220℃烘烤10分鐘（有蒸氣）。

⑯ 打開烤箱，轉換烤盤的方向後，再以250℃烘烤18至20分鐘（無蒸氣）。

ⓐ

ⓑ

ⓒ

ARRANGE IDEA
亦可將毛豆改為甜玉米粒（罐裝），或將格魯耶爾乳酪改為帕馬森乳酪、煙燻乳酪。

加入醬油提味，是美味的祕訣。使用熱水融化
南瓜粉後揉入麵團，可產生Q彈的口感。成型
時，敲打麵團再切開放置，就可以作出鄉村風
麵包（傳統的法國麵包）。

「脆皮麵包」變化款
南瓜

材料&作法　4個分

		烘焙百分比%
☐ 中高筋麵粉	180g	90%
☐ 酵母粉（とかち野酵母）	0.6g	0.3%
☐ 優格酵母	40g	20%
☐ 天然鹽	4.0g	2.0%
☐ 醬油	3g	1.5%
☐ 水	140g	70%
☐ 南瓜粉	20g	10%
☐ 熱水	40g	20%
總量	427.6g	213.8%

☐ 手粉（高筋麵粉）　　　　　適量

→揉麵的水溫請調整為「75－室溫－麵粉溫度」。
→烤箱請於烘烤前30分鐘開始預熱至250℃。

ARRANGE IDEA
亦可將南瓜粉改成紫薯粉。

ⓐ

ⓑ

ⓒ

→ 麵團的詳細製作流程請參考P.21至P.25。

① 〈揉麵〉將麵粉與酵母粉放入塑膠袋中搖晃，混合均勻。

② 在調理盆裡放入南瓜粉和熱水，仔細攪拌均勻。

③ 在另一調理盆內放入鹽、醬油、水與優格酵母混合後，少量多次地加入步驟②攪拌均勻。

④ 將步驟①倒入步驟③，以橡膠刮刀由下往上翻攪，確實攪拌混合直至麵粉完全融合。完成的麵團溫度為23℃。

⑤ 〈一次發酵〉將麵團放入密封容器內，以30℃發酵20分鐘。

⑥ 〈翻麵〉刮板沿容器壁面插入，依「左右→上下」的順序，將麵團往中央摺疊集中。再以30℃發酵20分鐘。

⑦ 再次將刮板沿容器壁面插入，依「左右→上下」的順序，將麵團往中央摺疊集中。取一塑膠袋緊貼麵團。

⑧ 以30℃發酵40分鐘後，放入冰箱冷藏一晚（12小時以上）使其緩慢發酵。

⑨ 〈分割・滾圓〉待麵團膨脹至1.5～2倍時，輕輕撕下塑膠袋。

⑩ 在作業檯與麵團撒上大量的手粉。

⑪ 刮板沿容器壁面插入，分別往中央推擠麵團，再反轉容器，將麵團倒在作業檯上。

⑫ 將麵團左右兩側往中央摺入如圖ⓐ，再將上下兩側往中央摺入如圖ⓑ。

⑬ 麵團開口朝下放置，橫豎各切一刀，分割成4等分如圖ⓒ。

⑭ 〈最後發酵〉分別將麵團置於裁切成20×30cm的烘焙紙上，以30℃發酵15分鐘。

⑮ 〈烘烤〉以小刀快速地在麵團上斜斜劃出一道深1mm的割紋。其餘3個麵團也以同樣手法劃出割紋。

⑯ 將步驟⑮置於木板上，將麵團放入預熱至250℃的上層烤盤。

⑰ 下層烤盤放入約15ml的熱水，以220℃烘烤10分鐘（有蒸氣）。

⑱ 打開烤箱，轉換烤盤的方向後，再以250℃烘烤18至20分鐘（無蒸氣）。

這是一款割紋大大綻開的扎實麵包。結合了小麥與黑麥（裸麥），越嚼越能享受口中擴散開來的美味麥香，恰到好處的自然酸味也隨之而來。

黑麥麵包

是一款除了小麥之外，還加入高營養價值的黑麥
（裸麥）烘烤而成的麵包。與單純由小麥製作而成
的麵包相比，保水性更高，即使冷了亦可享受扎實
口感。割紋也比脆皮麵包更確實，因此更容易成功
的綻開，可以烤出外觀豪邁的麵包。

黑麥麵包

材料　1個份

		烘焙百分比%
□ 中高筋麵粉	160g	80%
□ 裸麥麵粉	40g	20%
□ 酵母粉（とかち野酵母）	0.6g	0.3%
□ 優格酵母	40g	20%
□ 天然鹽	4.0g	2.0%
□ 水	140g	70%
總量	384.6g	192.3%

□ 裸麥麵粉	適量	
□ 手粉（高筋麵粉）	適量	

→揉麵的水溫請調整為「75－室溫－麵粉溫度」。

→烤箱請於烘烤前30分鐘開始預熱至250℃。

流程

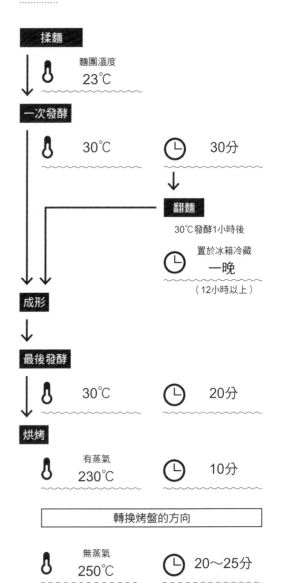

揉麵

麵團溫度
23℃

一次發酵

30℃　　30分

翻麵

30℃發酵1小時後

置於冰箱冷藏
一晚
（12小時以上）

成形

最後發酵

30℃　　20分

烘烤

有蒸氣
230℃　　10分

轉換烤盤的方向

無蒸氣
250℃　　20～25分

作法

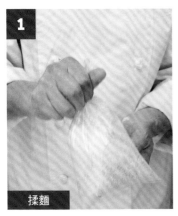

揉麵

將兩種麵粉和酵母粉放入塑膠袋內搖晃，混合均勻。

在調理盆內放入鹽、水、優格酵母，並將步驟**1**倒入。

以橡膠刮刀由下往上翻攪。

持續重複由下往上翻攪的動作。

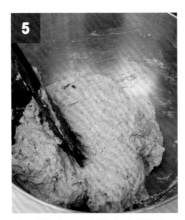

重複動作直至麵粉完全融合為止。

將麵團取出放在作業檯上。

刮板由外往內鏟起麵團，水平拿起後，如圖示將麵團轉為橫向。

將麵團輕摔在作業檯上。

將麵團對摺。步驟**7**至**9**重複6次。完成的麵團溫度為23℃。

完成。麵團整體略呈圓形，宛如由
帶子捲成一球的模樣。

一次發酵

將麵團放入密封容器中，蓋上蓋
子，以30℃發酵30分鐘。

30分鐘後。麵團膨脹至整個容器
底部。

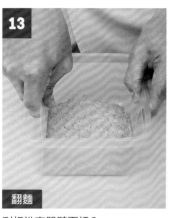

翻麵

刮板沿容器壁面插入。

由「右→左」將麵團鏟起，往中央
摺疊。

刮板沿另一側的容器壁面插入。

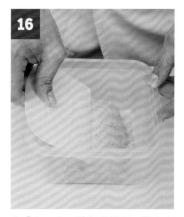

由「左→右」將麵團鏟起，往中央
摺疊。

由「上→下」將麵團鏟起，往中央
摺疊。

由「下→上」將麵團鏟起，往中央
摺疊。

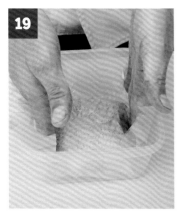

取一塑膠袋貼緊麵團。

蓋上蓋子，以30℃發酵1小時後，放入冰箱冷藏一晚（12小時以上）使其緩慢發酵。

麵團膨脹至1.5～2倍時即完成。

輕輕撕下塑膠袋，在作業檯與麵團撒上大量的手粉。

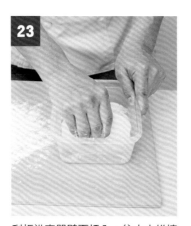

刮板沿容器壁面插入，往中央推擠麵團。

反轉容器將麵團倒在作業檯上。

成型

輕輕將麵團整平成為四角形，從左上角開始往中央摺入。

撥掉多餘的麵粉，提起麵團的對角（右下角）。

往中央摺入。

撥去多餘麵粉。

其餘兩角的麵團也往中央摺入。

完成。

撥去多餘麵粉。

將上方一角的麵團往中央摺入，輕壓。

麵團從上往下對摺，捏合開口處。

麵團維持原樣置於作業檯上，輕壓開口處。

再次從上往下對摺麵團。

以右手掌根輕壓開口處。

37

開口朝下放置。

38

麵團置於裁切成20×30cm的烘焙紙上,以30℃發酵20分鐘。

39

20分鐘後。麵團整體膨脹並鬆弛擴張。

40

烘烤

麵團置於木板上,將裸麥麵粉過篩,撒滿麵團。

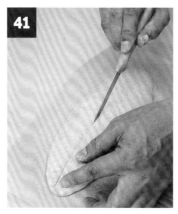

41

以小刀快速地在麵團中央劃上一道深3mm的割紋。

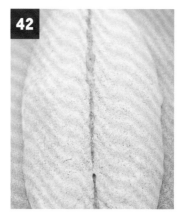

42

稍微深入的割紋。

43

將麵團放入預熱至250℃的烤箱,烤盤置於上層。

44

下層烤盤放入約30ml的熱水,以230℃烘烤10分鐘(有蒸氣)。

45

打開烤箱,轉換烤盤的方向後,再以250℃烘烤20至25分鐘(無蒸氣)。

由原味麵團與紫薯麵團組合而成的鮮艷色彩。
香氣強烈的裸麥卻有著柔和的口感。割紋的重
點是，深度要足以看見內側的紫薯麵團。

「黑麥麵包」變化款
紫薯大理石

材料&作法　1個份

⋯⋯ 原味麵團

		烘焙百分比%
□ 中高筋麵粉	80g	80%
□ 裸麥麵粉	20g	20%
□ 酵母粉（とかち野酵母）	0.3g	0.3%
□ 優格酵母	20g	20%
□ 天然鹽	2.0g	2.0%
□ 水	70g	70%
總量	192.3g	192.3%

⋯⋯ 紫薯麵團

		烘焙百分比%
□ 中高筋麵粉	70g	70%
□ 裸麥麵粉	20g	20%
□ 紫薯粉	10g	10%
□ 酵母粉（とかち野酵母）	0.3g	0.3%
□ 優格酵母	20g	20%
□ 天然鹽	2.0g	2.0%
□ 水	70g	70%
總量	192.3g	192.3%

□ 裸麥麵粉	適量
□ 手粉（高筋麵粉）	適量

→揉麵的水溫請調整為「75－室溫－麵粉溫度」。
→烤箱請於烘烤前30分鐘開始預熱至250℃。

→ 麵團的詳細製作流程請參考P.39至P.43。

① 〈揉麵〉將原味麵團使用的兩種麵粉、酵母粉，與紫薯麵團使用的兩種麵粉、酵母粉、紫薯粉分別放入塑膠袋中搖晃，混合均勻。

② 準備兩個調理盆，各自放入鹽、水、優格酵母，分別倒入步驟①。

③ 兩盆皆以橡膠刮刀由下往上翻攪，分別攪拌均勻。

④ 確實攪拌混合直至麵粉完全融合後，將麵團取出放在作業檯上。兩麵團分別進行6次「使用刮板將麵團往上鏟起→改變麵團方向→將麵團輕摔在作業檯上→對摺」的揉麵步驟。完成的麵團溫度為23℃。

⑤ 〈一次發酵〉分別將麵團放入密封容器內，以30℃發酵30分鐘。

⑥ 〈翻麵〉刮板依序沿容器壁面插入，分別往中央推擠麵團。

⑦ 分別取塑膠袋緊貼麵團，以30℃發酵1小時後，放入冰箱冷藏一晚（12小時以上）使其緩慢發酵。

⑧ 待麵團膨脹至1.5～2倍時，輕輕撕下塑膠袋。

⑨ 在作業檯與麵團撒上大量的手粉，刮板沿容器壁面插入，分別往中央推擠麵團，再反轉容器，將麵團倒在作業檯上。

⑩ 以原味麵團為底，疊上紫薯麵團，如圖ⓐ。

⑪ 〈成型〉至〈烘烤〉的作法同黑麥麵包步驟**25**至**45**（P.41至P.43）。

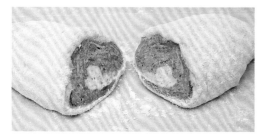

◎ 成型後，麵團中間的模樣。
紫薯麵團確實地捲入原味麵團之間，呈現漂亮的層次。

ARRANGE IDEA
紫薯粉亦可改為抹茶粉或南瓜粉。若改成抹茶粉，中高筋麵粉的烘焙百分比為77%、抹茶粉為3%；若改成南瓜粉，不包含麵粉類的烘焙百分比為10%。

ⓐ

角豆粉是味道與可可粉相似的健康食品。擁有獨特的香氣，很適合搭配與可可亞契合的食材。割紋設計成葉脈般的形狀，完成一款正統的黑麥麵包。

角豆粉＋糖漬橙皮

材料＆作法　1個份

		烘焙百分比%
□ 中高筋麵粉	140g	70%
□ 裸麥麵粉	40g	20%
□ 角豆粉	20g	10%

＊ 由長角豆萃取出的植物性甜味調料，風味類似可可但沒有咖啡因。是種可取代巧克力的健康食品。

□ 酵母粉（とかち野酵母）	0.6g	0.3%
□ 優格酵母	40g	20%
□ 天然鹽	4.0g	2.0%
□ 水	140g	70%
總量	384.6g	192.3%

□ 糖漬柳橙丁	20g	10%

＊ 將柳橙皮切成丁製作而成。

□ 裸麥麵粉	適量	
□ 手粉（高筋麵粉）	適量	

→揉麵的水溫請調整為「75－室溫－麵粉溫度」。
→烤箱請於烘烤前30分鐘開始預熱至250℃。

ⓐ

ⓑ

ⓒ

→ 麵團的詳細製作流程請參考P.39至P.43。

① 〈揉麵〉將兩種麵粉、角豆粉與酵母粉放入塑膠袋中搖晃，混合均勻。

② 在調理盆內放入鹽、水、優格酵母，倒入步驟①。

③ 以橡膠刮刀由下往上翻攪，確實攪拌均勻。

④ 確實攪拌混合直至麵粉完全融合後，將麵團取出放在作業檯上。麵團分別進行6次「使用刮板將麵團往上鏟起→改變麵團方向→將麵團輕摔在作業檯上→對摺」的揉麵步驟。完成的麵團溫度為23℃。

⑤ 〈一次發酵〉將麵團放入密封容器內，以30℃發酵30分鐘。

⑥ 〈翻麵〉作法同黑麥麵包的步驟**13**至**24**（P.40至P.41）。

⑦ 〈成型〉輕輕將麵團整平成為四角形，將一半的糖漬柳橙丁撒在麵團上，如圖ⓐ。

⑧ 分別將麵團的四個角往中央摺入，再將剩餘的糖漬柳橙丁置於麵團上，如圖ⓑ。以手撥散如圖ⓒ。

⑨ 麵團上方一角往中央摺入，撥去多餘麵粉。

⑩ 麵團由上往下摺至距離下端4cm左右的位置，撥去多餘麵粉。

⑪ 接著由上往下對摺，以手掌輕壓開口。

⑫ 〈最後發酵〉將麵團開口朝下，置於裁切成20×30cm的烘焙紙上，以30℃發酵20分鐘。

⑬ 〈烘烤〉將步驟⑫置於木板上，將裸麥麵粉過篩，撒在麵團上。

⑭ 以小刀快速地在麵團中央劃上一道深3mm的割紋，再分別於左右斜斜的劃上五道葉脈狀割紋。

⑮ 將麵團放入預熱至250℃的上層烤盤。

⑯ 下層烤盤放入約30ml的熱水，以230℃烘烤10分鐘（有蒸氣）。

⑰ 打開烤箱，轉換烤盤的方向後，再以250℃烘烤20至25分鐘（無蒸氣）。

ARRANGE IDEA

角豆粉亦可改為可可粉。若改成可可粉，中高筋麵粉的烘焙百分比為75%，可可粉則是占5%比例。也可將糖漬柳橙皮（丁）改成糖漬檸檬皮（丁）。

裸麥很適合搭配甘醇甜美的蜜棗乾與帶有些許苦味的卡門貝爾乳酪。一起挑戰將食材包裹起來的作法吧！

蜜棗乾＋卡門貝爾乳酪

材料＆作法　4個份

		烘焙百分比%
□ 中高筋麵粉	160g	80%
□ 裸麥麵粉	40g	20%
□ 酵母粉（とかち野酵母）	0.6g	0.3%
□ 優格酵母	40g	20%
□ 天然鹽	4.0g	2.0%
□ 水	140g	70%
總量	384.6g	192.3%

□ 蜜棗乾	8個切塊

＊ 1個蜜棗乾切半使用。

□ 卡門貝爾乳酪	4個切塊

＊ 使用1包6入的小包裝種類。1塊對切使用。

□ 裸麥麵粉	適量
□ 手粉（高筋麵粉）	適量

→揉麵的水溫請調整為「75－室溫－麵粉溫度」。
→烤箱請於烘烤前30分鐘開始預熱至250℃。

ARRANGE IDEA
蜜棗乾亦可改為蘋果乾或洋梨乾；或將卡門貝爾乳酪改
為洗滌乳酪。

→ 麵團的詳細製作流程請參考P.39至P.43。

① 〈揉麵〉至〈翻麵〉同黑麥麵包的步驟**1**至**24**（P.39至P.41）。

② 將麵團取出置於作業檯上，分割成4等分。

③ 〈成型〉輕輕將麵團整平成為四角形，將麵團的四個角往中央摺入。

④ 取2塊蜜棗乾和1塊卡門貝爾乳酪置於麵團中間，將麵團放在手掌上，以指尖捏緊麵團包裹餡料，如圖ⓐ。

⑤ 〈最後發酵〉雙手沾上手粉，麵團開口朝下，置於裁切成20×30cm的烘焙紙上，以30℃發酵15分鐘。

⑥ 〈烘烤〉將步驟⑤置於木板上，裸麥麵粉過篩，撒在麵團上。

⑦ 以小刀快速地在麵團上劃出深3mm的十字割紋。

⑧ 將麵團放入預熱至250℃的上層烤盤。

⑨ 下層烤盤放入約30ml的熱水，以230℃烘烤10分鐘（有蒸氣）。

⑩ 打開烤箱，轉換烤盤的方向後，再以250℃烘烤20分鐘（無蒸氣）。

ⓐ

在麵團裡加入白飯，就能作出Q彈有勁的
麵包。創意發想來自於雜糧栗子飯。只
要將麵團放入陶鍋中，在最後發酵的階
段時就不容易散開。

「黑麥麵包」變化款
白飯＋糖漬栗子

材料＆作法　1個份

使用模型：淺型陶鍋

		烘焙百分比%
□ 中高筋麵粉	80g	80%
□ 裸麥麵粉	20g	20%
□ 酵母粉（とかち野酵母）	0.3g	0.3%
□ 優格酵母	20g	20%
□ 天然鹽	2.0g	2.0%
□ 水	70g	70%
□ 白飯	10g	10%
□ 糖漬栗子	30g	30%
總量	232.3g	232.3%

□ 裸麥麵粉	適量
□ 手粉（高筋麵粉）	適量

→揉麵的水溫請調整為「75－室溫－麵粉溫度」。
→烤箱請於烘烤前30分鐘開始預熱至250℃。

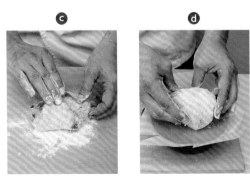

→ 麵團的詳細製作流程請參考P.39至P.43。

① 〈揉麵〉將兩種麵粉與酵母粉放入塑膠袋中混合均勻。

② 在調理盆內放入鹽、水、優格酵母，以打蛋器攪拌均勻後，加入白飯與步驟①如圖ⓐ。

③ 以橡膠刮刀由下往上翻攪，確實攪拌均勻。

④ 確實攪拌混合直至麵粉完全融合後，將麵團取出放在作業檯上。進行6次「使用刮板將麵團往上鏟起→改變麵團方向→將麵團輕摔在作業檯上→對摺」的揉麵步驟。

⑤ 將糖漬栗子平均放在麵團上如圖ⓑ，重複8次「切成對半→重疊→以手壓平」的動作。完成的麵團溫度為23℃。

⑥ 〈一次發酵〉麵團放入密封容器，以30℃發酵30分鐘。

⑦ 〈翻麵〉刮板依序沿容器的四個壁面插入，往中央推擠麵團。

⑧ 取一塑膠袋貼緊麵團，以30℃發酵1小時後，放入冰箱冷藏一晚（12小時以上）使其緩慢發酵。

⑨ 待麵團膨脹至1.5～2倍時，輕輕撕下塑膠袋。

⑩ 在麵團與作業檯撒上大量的手粉。刮板沿容器壁面插入，分別往中央推擠麵團，再反轉容器，將麵團倒在作業檯上。

⑪ 〈成型〉輕輕將麵團整平成為四角形，將四個角往中央摺入如圖ⓒ。重複此動作3次。

⑫ 〈最後發酵〉麵團開口朝下，放入舖有烘焙紙的淺型陶鍋，如圖ⓓ。以30℃發酵40分鐘。

＊ 在烘焙紙周圍剪上幾道牙口，讓麵團更容易放進陶鍋。

⑬ 〈烘烤〉裸麥麵粉過篩，撒在麵團上。

⑭ 以小刀快速地在麵團表面劃上深3mm的十字割紋。

⑮ 將麵團放入預熱至250℃的上層烤盤。

⑯ 下層烤盤放入約30ml的熱水，以230℃烘烤10分鐘（有蒸氣）。

⑰ 打開烤箱，轉換烤盤的方向後，再以250℃烘烤20至25分鐘（無蒸氣）。

ARRANGE IDEA
亦可將糖漬栗子改成煮過的豆子（鷹嘴豆等）。

「黑麥麵包」變化款
綜合穀物＋蔓越莓

材料＆作法　1個份

		烘焙百分比%
□ 中高筋麵粉	120g	60%
□ 裸麥麵粉	40g	20%
□ 綜合穀粉	40g	20%

* 燕麥、葵花子、小麥麩皮等含有10種雜糧的麵包用穀粉。

□ 酵母粉（とかち野酵母）	0.6g	0.3%
□ 優格酵母	40g	20%
□ 天然鹽	4.0g	2.0%
□ 水	140g	70%
□ 櫻桃酒漬蔓越莓（作法如下）		
	40g	20%
總量	424.6g	212.3%

□ 裸麥麵粉	適量	
□ 手粉（高筋麵粉）	適量	

→烤箱請於烘烤前30分鐘開始預熱至250℃。

櫻桃酒漬蔓越莓的作法

在乾淨的瓶內放入蔓越莓乾100g，加入櫻桃白蘭地30g。放置一週左右即可完成。使用前請瀝乾水分。

➡ 麵團的詳細製作流程請參考P.39至P.43。

① 〈揉麵〉將兩種麵粉與綜合穀粉、酵母粉放入塑膠袋中搖晃，混合均勻。

② 在調理盆內放入鹽、水與優格酵母，倒入步驟①

③ 以橡膠刮刀由下往上翻攪，確實攪拌均勻。

④ 確實攪拌混合直至麵粉完全融合後，將麵團取出放在作業檯上。進行6次「使用刮板將麵團往上鏟起→改變麵團方向→將麵團輕摔在作業檯上→對摺」的揉麵步驟。

⑤ 將櫻桃酒漬蔓越莓平均放在麵團上，重複8次「切成對半→重疊→以手壓平」的動作。完成的麵團溫度為23℃。

⑥ 〈一次發酵〉麵團放入密封容器，以30℃發酵30分鐘。

⑦ 〈翻麵〉刮板依序沿容器的四個壁面插入，往中央推擠麵團。

⑧ 取一塑膠袋貼緊麵團，以30℃發酵1小時後，放入冰箱冷藏一晚（12小時以上）使其緩慢發酵。

⑨ 待麵團膨脹至1.5至2倍大時，輕柔地將塑膠袋撕開。

⑩ 在作業檯與麵團上撒上大量的手粉，將刮板插入麵團與容器壁面之間，往中央推擠使麵團集中，並將容器反轉使麵團倒出，落在作業檯上。

⑪ 〈成型〉輕輕將麵團整平成為四角形，將四個角往中央摺入。重複此動作3次。

⑫ 〈最後發酵〉在直徑18cm的調理盆內鋪上廚房紙巾，裸麥麵粉過篩，撒在調理盆內，步驟⑪的麵團開口朝上，輕放進調理盆如圖ⓐ。以30℃發酵45分鐘。

⑬ 〈烘烤〉裸麥麵粉過篩撒在麵團表面，輕輕取出麵團，開口朝下放在裁切成20×30cm的烘焙紙上，輕輕撕下廚房紙巾如圖ⓑ。

⑭ 以小刀快速地在麵團表面劃上深3mm的十字割紋，接著在十字之間的下方各加上一道割紋。

⑮ 將放在木板上的麵團，放入預熱至250℃的上層烤盤。

⑯ 下層烤盤放入約30ml的熱水，以230℃烘烤10分鐘（有蒸氣）。打開烤箱，轉換烤盤的方向後，再以250℃烘烤25至27分鐘（無蒸氣）。

這是一款由裸麥加綜合穀物揉製而成的高營養麵包。令人驚豔的亮點則是蔓越莓。又大又圓的黑麥麵包在最後發酵時很容易散開，所以先將開口朝上放置發酵，直到烘烤前才將麵團輕輕翻面。

ARRANGE IDEA

亦可將綜合穀粉改成亞麻仁籽粉或奇亞籽，將櫻桃酒漬蔓越莓改成橄欖。

法國麵包風味的硬式吐司。烘烤時不需劃上割紋。麵包內層濕潤柔軟，是一款很容易入口的麵包。

法式山形吐司

法文「PAIN DE MIE」意為「裡面的麵包」。正如其名，內裡的麵包體柔軟蓬鬆又濕潤，比起密實的表皮更值得細細品嘗。在成型階段確實揉捏，麵團裡面的麵筋支撐力也會更強韌，在最後發酵階段請等待麵團確實鬆弛柔軟，再放入烤箱烘烤。

法式山形吐司

材料　1個份

使用模型：木烤模（大）

		烘焙百分比%
☐ 高筋麵粉	200g	100%
☐ 酵母粉（とかち野酵母）	1.2g	0.6%
☐ 優格酵母	40g	20%
☐ 天然鹽	3.4g	1.7%
☐ 水	120g	60%
☐ 蔗糖	12g	6%
☐ 無鹽奶油	10g	5%
總量	386.6g	193.3%

☐ 手粉（高筋麵粉）　　　適量

→烤箱請於烘烤前30分鐘開始預熱至250℃。

流程

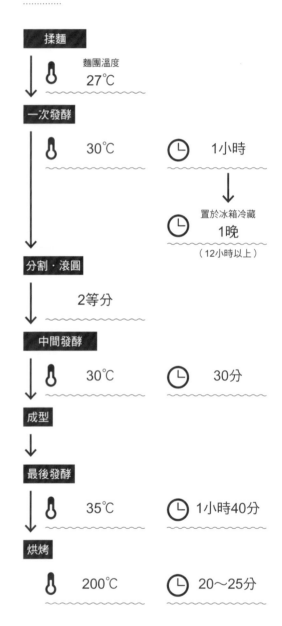

揉麵

麵團溫度 27℃

一次發酵
30℃　　1小時

置於冰箱冷藏 1晚
（12小時以上）

分割・滾圓
2等分

中間發酵
30℃　　30分

成型

最後發酵
35℃　　1小時40分

烘烤
200℃　　20～25分

作法
....

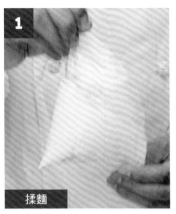

揉麵

將麵粉和酵母粉放入塑膠袋內搖晃，混合均勻。

在調理盆內放入鹽、水、蔗糖、優格酵母，倒入步驟 **1** 。

以橡膠刮刀由下往上翻攪拌勻。

重複動作直至麵粉完全融合為止。

將麵團取出放在作業檯上，刮板由外往內鏟起麵團，水平拿起。

如圖示將麵團轉為橫向。

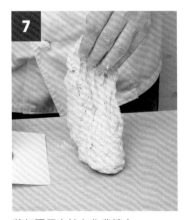

將麵團用力摔在作業檯上。

將麵團對摺。

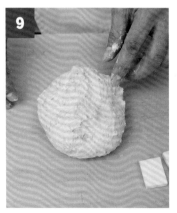

步驟 **5** 至 **8** 重複6次為一組，總共進行3組，每一組動作完成後，需讓麵團鬆弛30秒。

以手指捏碎奶油，置於麵團中央。

手指用力將奶油壓入麵團深處。

由下往上對摺麵團，將麵團開口朝下。

以刮板切細麵團。

刮板由外往內鏟起麵團，再如圖示將麵團轉為橫向。

再次切細麵團，並且重複進行步驟**13**至**15**。

刮板由外往內鏟起麵團。

將麵團轉為橫向。

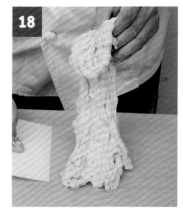
拿起麵團，用力摔在作業檯上。

對摺麵團。步驟**16**至**19**重複6次為一組,總共進行3組,每一組動作完成後,需讓麵團鬆弛30秒。

完成揉麵。完成的麵團溫度為27℃。麵團呈現渾圓緊實的模樣。

一次發酵

將麵團放入密封容器中,蓋上蓋子,以30℃發酵1小時後,放入冰箱冷藏一晚(12小時以上)使其緩慢發酵。

麵團膨脹至1.5～2倍時即完成。

分割・滾圓

在作業檯與麵團撒上大量的手粉。

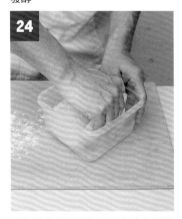

刮板沿容器壁面插入,往中央推擠麵團。

反轉容器將麵團倒在作業檯上。

使用電子秤將麵團分成2等分(1個約190g)。

取一個麵團對摺。

28

疊合的開口朝上。

29

提起麵團的下端。

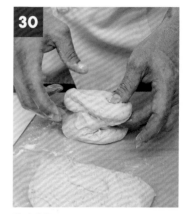

30

往上對摺。

31

開口朝下放置。另一個麵團以相同方式處理。

32

中間發酵

以擰乾的濕布巾覆蓋麵團，維持30℃靜置發酵30分鐘。

33

30分鐘後。麵團整體鬆弛擴大。

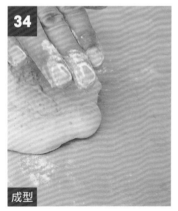

34

成型

在作業檯撒上手粉，將步驟33的麵團翻面置於作業檯上。以手輕輕敲打，將較大的氣泡打破。

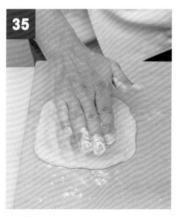

35

持續輕輕敲打，直到整個麵團的氣孔都打破為止。

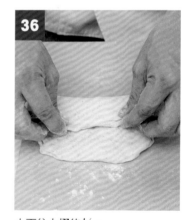

36

由下往上摺約1/3。

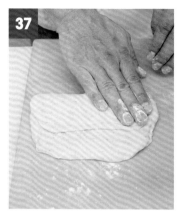

以手壓出氣泡。

由上往下摺起麵團。

壓出氣泡。

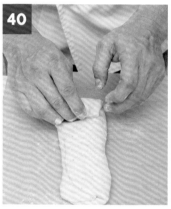

麵團轉為直向,將前方麵團塞入般,由下往上捲起。

繼續塞入麵團般往上捲起。另一個麵團也以相同方式捲起。

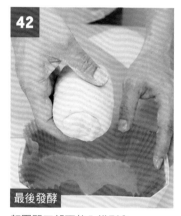

麵團開口朝下放入模型內。

以35℃發酵約1小時40分鐘。

發酵後的模樣。麵團確實膨脹,麵團頂端比模型高出約1cm。

放入預熱至250℃的烤箱,烤盤置於下層,以200℃烘烤20至25分鐘。

原味麵團搭配風味濃厚的芝麻麵團，融合成柔
和的味道。白芝麻粒粒分明的口感是品嘗時的
亮點。確實捲好麵團增加其強度，就可以作出
口感扎實的麵包。

「法式山形吐司」變化款
黑芝麻大理石

材料&作法　1個份

使用模型：木烤模（大）

…… 原味麵團

		烘焙百分比%
□ 高筋麵粉	100g	100%
□ 酵母粉（とかち野酵母）	0.6g	0.6%
□ 優格酵母	20g	20%
□ 天然鹽	1.7g	1.7%
□ 水	60g	60%
□ 蔗糖	6g	6%
□ 無鹽奶油	5g	5%
總量	193.3g	193.3%

…… 黑芝麻麵團

		烘焙百分比%
□ 高筋麵粉	100g	100%
□ 酵母粉（とかち野酵母）	0.6g	0.6%
□ 優格酵母	20g	20%
□ 天然鹽	1.7g	1.7%
□ 水	60g	60%
□ 蔗糖	10g	10%
□ 黑芝麻糊	20g	20%
□ 白芝麻粒	10g	10%
□ 無鹽奶油	5g	5%
總量	227.3g	227.3%

□ 白芝麻粒	適量	
□ 手粉（高筋麵粉）	適量	

→烤箱請於烘烤前30分鐘開始預熱至250℃。

→ 麵團的詳細製作流程請參考P.57至P.61。

① 〈揉麵〉將原味麵團與黑芝麻麵團使用的麵粉、酵母粉分別放入塑膠袋中搖晃，混合均勻。

② 準備兩個調理盆，各自放入鹽、水、蔗糖、優格酵母，其中一個調理盆加入黑芝麻糊與白芝麻粒，以打蛋器攪拌均勻後，分別倒入步驟①。

③ 後續作法同法式山形吐司的步驟**3**至**25**（P.57至P.59）。分別製作兩種麵團。

④ 使用電子秤分別將麵團分成2等分（1個約95g）。

⑤ 以原味麵團為底疊上黑芝麻麵團，如圖ⓐ。輕輕調整形狀。

⑥ 〈中間發酵〉蓋上擰乾的濕布巾，以30℃靜置發酵30分鐘。

⑦ 〈成型〉在作業檯撒上手粉，將步驟⑥的麵團翻面置於作業檯上。以手輕輕敲打打破大氣泡。

⑧ 由下往上摺約1/3，以手壓出氣泡。

⑨ 再由上往下摺，同樣以手壓出氣泡。

⑩ 將麵團轉向，由下往上捲起。

⑪ 刷子沾水（份量外）在麵團表面刷塗，撒上白芝麻粒如圖ⓑ。另一個麵團以同樣方式處理。

⑫ 〈最後發酵〉麵團開口朝下放入模型內，以35℃發酵約1小時40分鐘。

⑬ 〈烘烤〉放入預熱至250℃的烤箱，烤盤置於下層，以200℃烘烤20至25分鐘。

◎ 成型後，麵團中間的模樣。
原味麵團與黑芝麻麵團確實地捲成漂亮的漩渦狀。

ⓐ

ⓑ

微帶苦味的咖啡麵團，以馬斯卡彭乳酪增添香醇美味。成為不會過於甜膩的提拉米蘇風味。出爐後淋上大量楓糖漿享用，苦甜滋味令人讚不絕口！

「法式山形吐司」變化款

咖啡馬斯卡彭大理石麵包

材料＆作法　1個份

使用模型：木烤模（大）

……原味麵團

		烘焙百分比%
☐ 高筋麵粉	100g	100%
☐ 酵母粉（とかち野酵母）	0.6g	0.6%
☐ 優格酵母	20g	20%
☐ 天然鹽	1.7g	1.7%
☐ 水	60g	60%
☐ 蔗糖	6g	6%
☐ 無鹽奶油）	5g	5%
總量	193.3g	193.3%

……咖啡麵團

		烘焙百分比%
☐ 高筋麵粉	100g	100%
☐ 酵母粉（とかち野酵母）	0.6g	0.6%
☐ 優格酵母	20g	20%
☐ 天然鹽	1.7g	1.7%
☐ 水	40g	40%
☐ 楓糖糖漿	20g	20%
☐ 即溶咖啡粉	3g	3%
☐ 馬斯卡彭乳酪	20g	20%
☐ 無鹽奶油	5g	5%
總量	210.3g	210.3%

☐ 手粉（高筋麵粉）　　　適量

→烤箱請於烘烤前30分鐘開始預熱至250℃。

→ 麵團的詳細製作流程請參考P.57至P.61。

①〈揉麵〉將原味麵團與咖啡麵團使用的麵粉、酵母粉分別放入塑膠袋中搖晃，混合均勻。

② 準備兩個調理盆，一個放入鹽、水、蔗糖、優格酵母；另一個放入水與即溶咖啡粉，攪拌使其溶解後再加入鹽、楓糖糖漿、優格酵母與馬斯卡彭乳酪。攪拌均勻後，分別倒入步驟①。

③ 後續作法同法式山形吐司的步驟**3**至**25**（P.57至P.59）。分別製作兩種麵團。

④ 使用電子秤分別將麵團分成2等分（1個約95g）。

⑤ 一個是以原味麵團為底疊上咖啡麵團，另一個則是以咖啡麵團為底疊上原味麵團，如圖ⓐ。疊好後調整麵團形狀。

⑥ 後續作法請依照法式山形吐司的步驟**27**至**45**（P.59至P.61）製作。

◎ 成型後，麵團中間的模樣。

原味麵團與咖啡麵團確實地捲成漂亮的漩渦狀。依麵團重疊方式的不同，外側的麵團也會隨之變化。

ⓐ

將剛出爐的麵包切片，放上乳酪，就是帶有披薩風味的吐司。由於使用陶鍋烘烤的緣故，因此可以作出蓬鬆柔軟又濕潤的麵包。

番茄麵團＋
普羅旺斯香草＋番茄乾

材料＆作法　1個份

使用模型：深型陶鍋

		烘焙百分比%
□ 高筋麵粉	100g	100%
□ 酵母粉（とかち野酵母）	0.6g	0.6%
□ 優格酵母	20g	20%
□ 普羅旺斯香草	0.1g	0.1%

＊ 混合數種香草的產品，常用於南法料理。

□ 天然鹽	1.7g	1.7%
□ 蔗糖	6g	6%
□ 切塊番茄（罐裝）	40g	40%
□ 牛奶	30g	30%
□ 番茄乾	10g	10%

＊ 切成7至8mm的塊狀

□ 無鹽奶油	5g	5%
總量	213.4g	213.4%

□ 手粉（高筋麵粉）	適量	

→烤箱請於烘烤前30分鐘開始預熱至250℃。

ARRANGE IDEA
亦可將普羅旺斯香草改成乾燥的迷迭香，或乾燥的平葉
巴西利

→ 麵團的詳細製作流程請參考P.57至P.61。

① 〈揉麵〉將麵粉、酵母粉、普洛旺斯香草放入塑膠袋中混合均勻。

② 取一調理盆放入鹽、蔗糖、切塊番茄、牛奶、番茄乾與優格酵母，再倒入步驟①。

③ 以橡膠刮刀由下往上確實攪拌均勻。

④ 後續作法同法式山形吐司的步驟**5**至**45**（P.57至P.61）。但是步驟**26**不分成2等分。步驟**42**則是將麵團收成圓形，輕輕放入內側刷油（份量外）的模型內，如圖ⓐ。

ⓐ

這是一款非常適合搭配辛辣亞洲料理的餐包。
以白酒醃漬的芒果不只帶有甜味，更成功演繹
了成熟的大人風味。本書使用陶製方形缽為模
型，亦可使用布丁杯替代。

「法式山形吐司」變化款
白酒漬芒果＋椰子油

材料＆作法　4個份

使用模型：陶製方形缽

		烘焙百分比%
☐ 高筋麵粉	200g	100%
☐ 酵母粉（とかち野酵母）	1.2g	0.6%
☐ 優格酵母	40g	20%
☐ 天然鹽	3.4g	1.7%
☐ 水	120g	60%
☐ 椰糖	20g	10%

＊ 低GI食品，可以抑制血糖值上升的甜味調料。

☐ 椰子油	10g	5%

＊ 氣溫太低會凝固，可隔水加熱融化。

☐ 白酒漬芒果（作法如下）		
	60g	30%
總量	454.6g	227.3%

☐ 手粉（高筋麵粉）	適量	

→烤箱請於烘烤前30分鐘開始預熱至250℃。

白酒漬芒果的作法

以廚房剪刀等工具將100g芒果乾切成1.5cm的塊狀，放入乾淨的瓶內，再倒入白酒30g。置於常溫醃漬2至3日。使用前須將湯汁瀝乾。

ARRANGE IDEA

亦可將白酒漬芒果改成黑醋栗香甜酒漬草莓乾；將椰子油改成烘焙專用的太白胡麻油。

→ 麵團的詳細製作流程請參考P.57至P.61。

① 〈揉麵〉將麵粉與酵母粉放入塑膠袋中混合均勻。

② 在調理盆內放入鹽、水、椰糖、椰子油與優格酵母，再倒入步驟①。

③ 以橡膠刮刀由下往上翻攪，確實攪拌均勻。

④ 後續作法同法式山形吐司的步驟**4**至**20**（P.57至P.59）。

⑤ 在麵團平均放上白酒漬芒果，重複8次「切成對半→重疊→以手壓平」的動作。

⑥ 重複進行6次「使用刮板將麵團往上鏟起→改變麵團方向→將麵團輕摔在作業檯上→對摺」的揉麵步驟。完成的麵團溫度為27℃。

⑦ 〈一次發酵〉麵團放入密封容器內，以30℃發酵1小時後，放入冰箱冷藏一晚（12小時以上）使其緩慢發酵。待麵團膨脹至1.5～2倍時即完成。

⑧ 〈分割‧滾圓〉在作業檯與麵團撒上大量的手粉。

⑨ 刮板沿容器壁面插入，分別往中央推擠麵團，再反轉容器，將麵團倒在作業檯上。於常溫環境中靜置20分鐘左右，使麵團鬆弛。

⑩ 麵團橫豎各切一刀，使用電子秤將分割成4等分的麵團調成均重（1個約110g）。

⑪ 後續作法同法式山形吐司的步驟**27**至**41**（P.59至P.61）4個麵團皆以相同方式處理。

⑫ 〈最後發酵〉麵團開口朝下，分別放入內側刷油（份量外）的模型內如圖ⓐ，以35℃發酵約1小時20分鐘。

⑬ 〈烘烤〉放入預熱至250℃的烤箱，烤盤置於下層，以190℃烘烤15至20分鐘。

ⓐ

椰棗糖漿＋長山核桃＋
白巧克力

材料＆作法　4個份

使用模型：陶製方形缽

		烘焙百分比%
□ 高筋麵粉	200g	100%
□ 酵母粉（とかち野酵母）	1.2g	0.6%
□ 優格酵母	40g	20%
□ 天然鹽	3.4g	1.7%
□ 水	100g	50%
□ 椰棗糖漿	40g	20%

＊從椰棗榨出的果汁糖漿。甜味甘醇且營養豐富。

□ 無鹽奶油	10g	5%
□ 長山核桃（已烘烤）		
	20g	10%
□ 白巧克力	20g	10%

總量	434.6g	217.3%

□ 手粉（高筋麵粉）	適量

→烤箱請於烘烤前30分鐘開始預熱至250℃。

→ 麵團的詳細製作流程請參考P.57至P.61。

① 〈揉麵〉將麵粉與酵母粉放入塑膠袋中混合均勻。

② 在調理盆內放入鹽、水、椰棗糖漿與優格酵母，再倒入步驟①。

③ 以橡膠刮刀由下往上翻攪，確實攪拌均勻。

④ 後續作法同法式山形吐司的步驟**4**至**20**（P.57至P.59）。

⑤ 將弄碎的長山核桃與白巧克力平均鋪滿麵團，如圖ⓐ。重複8次「切成對半→重疊→以手壓平」的動作。

⑥ 重複進行6次「使用刮板將麵團往上鏟起→改變麵團方向→將麵團輕摔在作業檯上→對摺」的揉麵步驟。完成的麵團溫度為27℃。

⑦ 〈一次發酵〉麵團放入密封容器內，以30℃發酵1小時後，放入冰箱冷藏一晚（12小時以上）使其緩慢發酵。待麵團膨脹至1.5～2倍時即完成。

⑧ 〈分割・滾圓〉在作業檯與麵團撒上大量的手粉。刮板沿容器壁面插入，分別往中央推擠麵團，再反轉容器，將麵團倒在作業檯上。於常溫環境中靜置20分鐘左右，使麵團鬆弛。

⑨ 麵團橫豎各切一刀，使用電子秤將分割成4等分的麵團調成均重（1個約105g）。

⑩ 麵團由下往上對摺。

⑪ 轉換麵團的方向，開口朝上放置，再從下往上對摺。其餘麵團也以相同方式處理。

⑫ 〈中間發酵〉蓋上擰乾的濕布巾，以30℃靜置發酵30分鐘。

⑬ 〈成型〉在作業檯撒上手粉，將步驟⑫的麵團翻面，置於作業檯上。以手輕輕敲打，打破大氣泡。

⑭ 由下往上摺約⅓，以手壓出氣泡。

⑮ 再由上往下摺，同樣以手壓出氣泡。

⑯ 麵團開口朝下放置，滾動延展為30cm左右的長條，在⅓左右的位置打一個結，如圖ⓑ。再將餘下的長條麵團收入單結下方，如圖ⓒ。

⑰ 〈最後發酵〉麵團的開口朝下，放入內側刷油（份量外）的模型內，以35℃發酵約1小時20分鐘。

⑱ 〈烘烤〉放入預熱至250℃的烤箱，烤盤置於下層，以190℃烘烤15至20分鐘。

宛如甜點的小餐包。加入與黑糖相似的椰棗糖漿，可以增加麵團的保水度，進而烘烤出濕潤的麵包。

ARRANGE IDEA
亦可將椰棗糖漿改換成楓糖糖漿或龍舌蘭糖漿；將長山核桃換成榛果。

可以感受到些微甜味的甜麵包一般。雖然小小
一個，卻具有濃郁又豐富的美味，是一款全家
人都會愛上的麵包。

布里歐麵包

麥香之外,蔗糖的甘甜、雞蛋的香氣以及優格酵母
產生的韻味,共同造就了這款香甜濃郁的麵包。使
用的奶油是讓美味更上一層樓的發酵奶油。請好好
享受這款綿密鬆軟,層次豐富的麵包吧!

布里歐麵包

材料　8個份

使用模型：蛋糕鋁箔杯（朝顏）

		烘焙百分比%
☐ 高筋麵粉	200g	100%
☐ 酵母粉（とかち野酵母）	2.0g	1.0%
☐ 優格酵母	40g	20%
☐ 天然鹽	3.0g	1.5%
☐ 蔗糖	40g	20%
☐ 優格（原味）	80g	40%
☐ 蛋液	60g	30%

＊ 使用全蛋散過篩的蛋液。

☐ 無鹽奶油	60g	30%
總量	485.0g	242.5%

☐ 蛋液	適量
☐ 手粉（高筋麵粉）	適量

→烤箱請於烘烤前30分鐘開始預熱至250℃。

流程

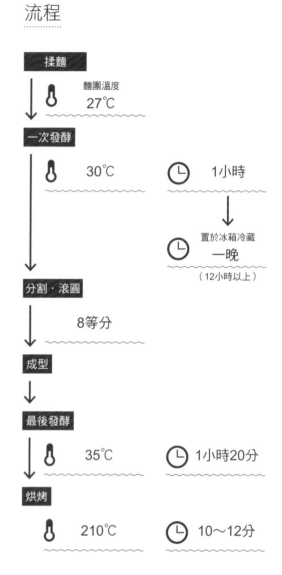

揉麵

麵團溫度 27℃

一次發酵
30℃　1小時
置於冰箱冷藏 一晚
（12小時以上）

分割‧滾圓
8等分

成型

最後發酵
35℃　1小時20分

烘烤
210℃　10～12分

作法

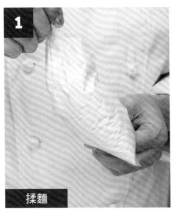

揉麵

將麵粉和酵母粉放入塑膠袋內混合均勻。

在調理盆內放入鹽、蔗糖、優格、蛋液、優格酵母，以打蛋器攪拌至蔗糖溶解即可。

將步驟**1**倒入步驟**2**，以橡膠刮刀由下往上攪拌均勻。

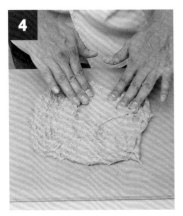

重複攪拌直至麵粉完全融合為止，將麵團取出置於作業檯上。將麵團抹開般，推開延展。

以刮板集中麵團。

以刮板由外往內鏟起麵團。

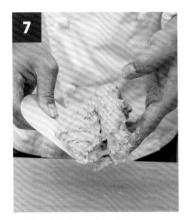

如圖示將麵團轉為橫向。

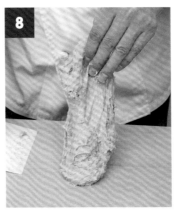

將麵團用力摔在作業檯上。

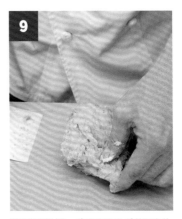

將麵團對摺。步驟**6**至**9**重複6次為一組，總共進行4組，每一組動作完成後，需讓麵團鬆弛30秒。

10

完成。麵團整體呈圓形，宛如帶子捲成一球的模樣。

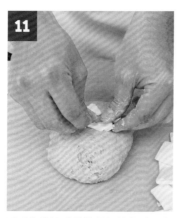

11

以手指將切成薄片的奶油捏碎，取 1/3 的量置於麵團中央。

12

將奶油抹入麵團般，推開延展成約 12cm左右的方形。

13

重複步驟**11**，將剩餘的奶油置於麵團上，再次進行步驟**12**的動作，將麵團推開延展成約20cm左右的方形。

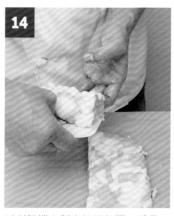

14

以刮板縱向對半切開麵團，重疊。

15

以手壓緊。

16

以刮板橫向對半切開麵團。

17

重疊，以手壓緊。重複4次步驟**14**至**17**。

18

完成。

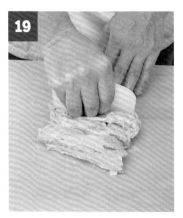

以刮板切細麵團。

以刮板鏟起麵團，再如圖示轉為橫向。

再次切細麵團，接著再一次重複進行步驟**19**至**21**。

刮板由外往內鏟起麵團。

將麵團轉為橫向。

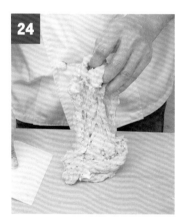

將麵團摔在作業檯上。

麵團對摺。步驟**22**至**25**重複6次為一組，總共進行4組，摔打麵團的力道由「輕」→「重」。每一組動作完成後，需讓麵團鬆弛30秒。

完成揉麵，麵團呈現渾圓緊實的模樣。

將調理盆蓋在麵團上，靜置於室溫下鬆弛10分鐘。

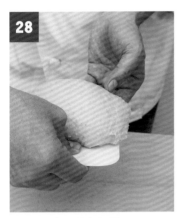

28

刮板由外往內鏟起麵團。

29

如圖示將麵團轉為橫向。

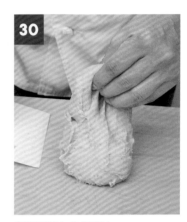

30

將麵團摔在作業檯上。

31

麵團對摺。重複進行6次步驟**28**至**31**。完成的麵團溫度為27℃。

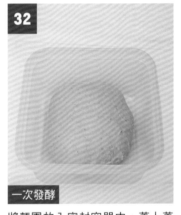

32

一次發酵

將麵團放入密封容器中，蓋上蓋子，以30℃發酵1小時後，放入冰箱冷藏一晚（12小時以上）使其緩慢發酵。

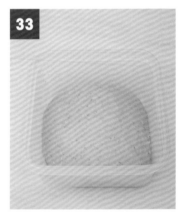

33

麵團膨脹至1.5～2倍時即完成。

34

分割・滾圓

刮板沿容器壁面插入，往中央推擠麵團，反轉容器將麵團倒在撒好手粉的作業檯上。

35

使用電子秤將麵團分成8等分（1個約60g）。

36

成型

取一個麵團，以手壓開至直徑10cm左右。

37

麵團由上往下摺至距離邊緣1cm
處。

38

麵團旋轉90度,重複步驟**37**至**38**
4次。

39

麵團的左上角往中央摺入,右下角
也以相同的方式摺至中央。

40

其餘兩角也依步驟**39**的方式摺
入。

41

將麵團放在手掌上,調整成圓形。
其餘的麵團也依步驟**36**至**41**的手
法滾圓。

42

最後發酵

將麵團放入薄薄刷上一層奶油(份
量外)的模型內,以35℃發酵1小
時20分鐘。

43

1小時20分之後的模樣。麵團確實
膨脹,麵團上方比模型高出約
2cm。

44

烘烤

在麵團表面刷上蛋液。

45

放入預熱至250℃的烤箱,烤盤置
於下層,以210℃烘烤10至12分
鐘。

放入鋁箔杯烘烤而成，是一款微帶法國風情的
紅豆麵包。加入大量奶油的麵團裡包著入口即
化的紅豆沙，真是出乎意料的絕配！

「布里歐麵包」變化款
紅豆麵包

材料＆作法　6個份

使用模型：蛋糕鋁箔杯

		烘焙百分比%
□ 高筋麵粉	100g	100%
□ 酵母粉（とかち野酵母）	1.0g	1.0%
□ 優格酵母	20g	20%
□ 天然鹽	1.5g	1.5%
□ 蔗糖	20g	20%
□ 優格（原味）	40g	40%
□ 蛋液	30g	30%

＊ 使用全蛋散過篩的蛋液。

□ 無鹽奶油	30g	30%

總量	242.5g	242.5%

□ 紅豆沙（市售）	180g	

＊ 40g的麵團搭配30g的紅豆沙。

□ 蛋液	適量	
□ 白芝麻粒	適量	
□ 手粉（高筋麵粉）	適量	

→烤箱請於烘烤前30分鐘開始預熱至250℃。

→ 麵團的詳細製作流程請參考P.75至P.79。

① 麵團作法同布里歐麵包的步驟**1**至**33**（P.75至P.78）。

② 〈分割・滾圓〉刮板沿容器壁面插入，往中央推擠麵團，反轉容器將麵團倒在撒好手粉的作業檯上。

③ 使用電子秤將麵團分成6等分（1個約40g）。

④ 〈成型〉取一個麵團，以手壓開至直徑10cm左右。

⑤ 重複進行4次「將麵團由上往下摺至距離邊緣1cm處→麵團旋轉90度」的步驟（參考P.79）。

⑥ 麵團的左上角往中央摺入。

⑦ 右下角也以相同的方式摺至中央。

⑧ 其餘兩角也依⑥至⑦的方式摺入。

⑨ 將麵團壓成直徑7cm左右的大小，放在掌心，並加上紅豆沙，如圖ⓐ。手持麵團邊緣包入紅豆沙，如圖ⓑ。其餘麵團也以相同手法包入紅豆沙。

⑩ 〈最後發酵〉將麵團放入薄薄刷上一層奶油（份量外）的模型內，以35℃發酵1小時20分鐘。

⑪ 〈烘烤〉將麵團置於烤盤上，表面刷上蛋液後撒上白芝麻粒。放入預熱至250℃的烤箱，烤盤置於下層，以210℃烘烤10至12分鐘。

鬆軟可口的麵包，點綴著融化的甜美棉花糖。
麵包與棉花糖對比的口感完美結合，美味也隨
之倍增。

「布里歐麵包」變化款
棉花糖麵包

材料&作法　4個分

使用模型：麵包紙模

		烘焙百分比%
□ 高筋麵粉	100g	100%
□ 酵母粉（とかち野酵母）	1.0g	1.0%
□ 優格酵母	20g	20%
□ 天然鹽	1.5g	1.5%
□ 蔗糖	20g	20%
□ 優格（原味）	40g	40%
□ 蛋液	30g	30%

＊ 使用全蛋散過篩的蛋液。

□ 無鹽奶油	30g	30%
總量	242.5g	242.5%

□ 棉花糖	8個份

＊ 一個棉花糖以廚房剪刀剪成3等分的圓形。

□ 手粉（高筋麵粉）	適量

→烤箱請於烘烤前30分鐘開始預熱至250℃。

→ 麵團的詳細製作流程請參考P.75至P.79。

① 麵團作法同布里歐麵包的步驟**1**至**33**（P.75至P.78）。

② 〈分割‧滾圓〉刮板沿容器壁面插入，往中央推擠麵團，反轉容器將麵團倒在撒好手粉的作業檯上。

③ 使用電子秤將麵團分成4等分（1個約60g）。

④ 〈成型〉取一個麵團，以手壓開至直徑10cm左右。

⑤ 重複進行4次「將麵團由上往下摺至距離邊緣1cm處→麵團旋轉90度」的步驟（參考P.79）。

⑥ 麵團開口朝下放入模型內，整平後在中央用力壓下，凹陷如圖@⑥。其餘麵團也以相同方式處理。

⑦ 〈最後發酵〉以35℃發酵1小時20分鐘。

⑧ 〈烘烤〉取6個切成圓形的棉花糖，如花瓣般在麵團上圍成一圈，最後一個置於麵團中央以手指壓入，如圖⑥。加上棉花糖的麵團置於烤盤上，放入預熱至250℃的烤箱，烤盤置於下層，以210℃烘烤10至12分鐘。

ⓐ

ⓑ

ⓒ

「布里歐麵包」變化款
櫻桃酒漬酸櫻桃大理石

材料＆作法　8個份

使用模型：麵包紙模

…… 原味麵團

		烘焙百分比%
□ 高筋麵粉	100g	100%
□ 酵母粉（とかち野酵母）	1.0g	1.0%
□ 優格酵母	20g	20%
□ 天然鹽	1.5g	1.5%
□ 蔗糖	20g	20%
□ 優格（原味）	40g	40%
□ 蛋液	30g	30%

＊ 使用全蛋散過篩的蛋液。

□ 無鹽奶油	30g	30%
總量	242.5g	242.5%

…… 可可麵團

		烘焙百分比%
□ 高筋麵粉	95g	95%
□ 可可粉	5g	5%
□ 酵母粉（とかち野酵母）	1.0g	1.0%
□ 優格酵母	20g	20%
□ 天然鹽	1.5g	1.5%
□ 蔗糖	20g	20%
□ 優格（原味）	40g	40%
□ 蛋液	30g	30%

＊ 使用全蛋散過篩的蛋液。

□ 無鹽奶油	30g	30%
□ 巧克力片	10g	10%
總量	252.5g	252.5%

□ 櫻桃酒漬酸櫻桃（市售）	32粒

＊ 酸櫻桃就是帶有酸味的櫻桃。每個麵包使用4顆瀝乾的櫻桃。

□ 蛋液	適量
□ 手粉（高筋麵粉）	適量

→烤箱請於烘烤前30分鐘開始預熱至250℃。

→ 麵團的詳細製作流程請參考P.75至P.79。

① 〈揉麵〉原味麵團使用的麵粉、酵母粉；可可麵團使用的麵粉、可可粉與酵母粉分別放入塑膠袋混合均勻。

② 準備兩個調理盆，各自放入鹽、蔗糖、優格、蛋液與優格酵母，再分別倒入步驟①。

③ 以橡膠刮刀由下往上翻攪均勻，直到麵粉完全融合為止。

④ 〈原味麵團〉後續作法同布里歐麵包的步驟**4**至**33**（P.75至P.78）。

⑤ 〈可可麵團〉後續作法同布里歐麵包的步驟**4**至**26**（P.75至P.77）。放上巧克力碎片，重複8次「以刮板對半切開麵團後重疊→以手壓緊」（參考P.76）。

⑥ 將調理盆蓋在麵團上，靜置於室溫下鬆弛10分鐘（參考P.77）。

⑦ 重複進行6次「以刮板鏟起麵團→將麵團轉為橫向→拿起麵團摔在作業檯上→對摺」的步驟（參考P.78）。完成的麵團溫度為27℃。

⑧ 〈一次發酵〉將麵團放入密封容器中，蓋上蓋子，以30℃發酵1小時後，放入冰箱冷藏一晚（12小時以上）使其緩慢發酵。待麵團膨脹至1.5～2倍時即完成。

⑨ 〈分割·滾圓〉刮板沿容器壁面插入步驟④原味麵團和步驟⑧可可麵團，往中央推擠麵團，反轉容器將麵團倒在撒好手粉的作業檯上。

⑩ 使用電子秤將兩麵團各自分成8等分（1個約30g），以原味麵團為底，放上可可麵團（可作8個）如圖ⓐ。

⑪ 〈成型〉取一個麵團，以手壓開至直徑10cm左右，如圖ⓑ。

⑫ 重複進行4次「將麵團由上往下摺至距離邊緣1cm處→麵團旋轉90度」的步驟（參考P.79）。

⑬ 〈最後發酵〉麵團一一放入模型，以手壓一下中心，放入4顆酸櫻桃，再分別壓入麵團內，如圖ⓒ。以35℃發酵1小時20分鐘。

⑭ 〈烘烤〉將麵團置於烤盤上，表面刷上蛋液後，放入預熱至250℃的烤箱，烤盤置於下層，以210℃烘烤10至12分鐘。

帶有櫻桃白蘭地香氣的酸櫻桃與巧克力真是絕配！在麵團放上酸櫻桃時，請以手指確實壓入。烘烤時注意不要烤焦，出爐後仍然鮮嫩多汁的酸櫻桃正是此款麵包的重點。

(a)
(b)
(c)

ARRANGE IDEA
亦可將櫻桃酒漬酸櫻桃改成黑櫻桃（罐裝）或紅酒漬藍莓。

熱煮而成的濃郁印度香料奶茶＆肉桂糖是這款
麵包美味的祕訣。入口之際，肉桂的香氣隨即
在口中綻放，鬆軟綿密的口感也是引以為傲的
賣點。搭配紅茶或印度香料奶茶一起享用吧！

「布里歐麵包」變化款
印度香料奶茶肉桂捲

材料＆作法　4個份

使用模型：麵包紙模

		烘焙百分比%
□ 高筋麵粉	100g	100%
□ 酵母粉（とかち野酵母）	1.0g	1.0%
□ 優格酵母	20g	20%
□ 天然鹽	1.5g	1.5%
□ 蔗糖	20g	20%
□ 優格（原味）	10g	10%
□ 印度香料奶茶（作法如下）	30g	30%
□ 蛋液	30g	30%

＊ 使用全蛋散過篩的蛋液。

□ 無鹽奶油	30g	30%
總量	242.5g	242.5%

□ 肉桂糖	15g	

＊ 肉桂糖：蔗糖＝以1：10的比例混合而成。

□ 糖粉	適量	
□ 手粉（強高筋麵粉）	適量	

→烤箱請於烘烤前30分鐘開始預熱至250℃。

印度香料奶茶的作法

在小鍋內放入200g牛奶與10g阿薩姆茶葉，開火煮至沸騰後，轉小火持續熬煮3分鐘。取出30g備用。

→ 麵團的詳細製作流程請參考P.75至P.79。

① 〈揉麵〉將麵粉與酵母粉放入塑膠袋中混合均勻。

② 在調理盆內放入鹽、蔗糖、優格、印度香料奶茶、蛋液與優格酵母，以打蛋器攪拌至蔗糖融化即可。

③ 後續作法同布里歐麵包的步驟**3**至**33**（P.75至P.78）。

④ 刮板沿容器壁面插入，往中央推擠麵團，反轉容器將麵團倒在撒好手粉的作業檯上。

⑤ 〈成型〉以擀麵棍將麵團延展至12×25cm，如圖ⓐ。

⑥ 在麵團表面刷滿水（份量外），除上方1cm以外鋪滿肉桂糖。

⑦ 由下往上捲起麵團，先滾一小段作為芯，再一邊注意不要拉扯到麵團，一邊輕輕往上捲去，如圖ⓑ。

⑧ 〈分割‧滾圓〉麵團以刮板分割成4等分，捲好的麵團切面朝上放入模型，如圖ⓒ，以手指將麵團往中心確實壓緊。

⑨ 〈最後發酵〉以35℃發酵1小時20分鐘。

⑩ 〈烘烤〉將麵團置於烤盤上，放入預熱至250℃的烤箱，烤盤置於下層，以210℃烘烤12至13分鐘。

⑪ 出爐後待麵包放至溫熱，再將糖粉過篩撒在麵包局部。

ⓐ

ⓑ
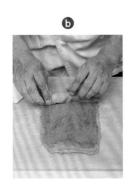

ⓒ
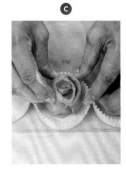

清爽的瑞可塔乳酪非常適合搭配爽口的柑橘。
加上切細碎的枸櫞，清爽的風味令人聯想到好
吃的檸檬蛋糕。

「布里歐麵包」變化款
瑞可塔乳酪＋枸櫞

材料＆作法　5個分

使用模型：木烤模（小）

		烘焙百分比%
☐ 高筋麵粉	200g	100%
☐ 酵母粉（とかち野酵母）	2.0g	1.0%
☐ 優格酵母	40g	20%
☐ 天然鹽	3.0g	1.5%
☐ 蔗糖	40g	20%
☐ 優格（原味）	60g	30%
☐ 瑞可塔乳酪	40g	20%
☐ 蛋液	60g	30%

* 使用全蛋打散過篩的蛋液。

☐ 無鹽奶油	60g	30%
☐ 檸檬（枸櫞）皮	20g	10%
總量	525.0g	262.5%

☐ 糖霜	適量

* 糖粉：水=以10：2的比例調製。

☐ 檸檬皮刨絲（國產）	適量
☐ 蛋液	適量
☐ 手粉（高筋麵粉）	適量

→烤箱請於烘烤前30分鐘開始預熱至250℃。

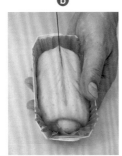

→ 麵團的詳細製作流程請參考P.75至P.79。

① 〈揉麵〉將麵粉與酵母粉放入塑膠袋中混合均勻。

② 在調理盆內放入鹽、蔗糖、優格、瑞可塔乳酪、蛋液與優格酵母，以打蛋器攪拌至蔗糖溶解即可。

③ 後續作法同布里歐麵包的步驟**3**至**31**（P.75至P.78）。

④ 檸檬皮平均鋪滿整個麵團，重複進行8次「對半切開麵團→重疊→以手壓緊」。

⑤ 後續作法同布里歐麵包的步驟**32**至**33**（P.78）。

⑥ 〈分割・滾圓〉刮板沿容器壁面插入，往中央推擠麵團，反轉容器將麵團倒在撒好手粉的作業檯上。

⑦ 使用電子秤將麵團分成5等分（1個約100g）。

⑧ 〈成型〉取一個麵團，以手壓開至直徑10cm左右。

⑨ 重複進行4次「將麵團由上往下摺至距離邊緣1cm處→麵團旋轉90度」的步驟（參考P.79）。

⑩ 麵團的左上角往中央摺入。

⑪ 右下角也以相同的方式摺至中央。

⑫ 其餘兩角也依步驟⑩至⑪的方式摺入。

⑬ 將麵團放在手掌上，調整成9cm長的圓棍狀。其餘麵團也以相同的方式滾圓。

⑭ 〈最後發酵〉麵團開口朝下放入模型，用力下壓使麵團平整，如圖ⓐ。以35℃發酵1個小時。

⑮ 在麵團表面刷上蛋液。以小刀劃出一道深5mm的割紋（可分數次進行），如圖ⓑ ⓒ。

⑯ 〈烘烤〉將麵團置於烤盤上，放入預熱至250℃的烤箱，烤盤置於下層，以200℃烘烤約15分鐘。

⑰ 出爐後，在麵包表面刷上糖霜，如圖ⓓ，將刨絲的檸檬皮撒在中央作為裝飾。

ARRANGE IDEA
亦可將瑞可塔乳酪改換成奶油乳酪，將檸檬（枸櫞）皮改換成蘭姆葡萄乾。

「布里歐麵包」變化款
焦香奶油＋金色巧克力

材料＆作法　2個份

使用模型：內徑12cm的咕咕霍夫模型

		烘焙百分比%
□ 高筋麵粉	100g	100%
□ 酵母粉（とかち野酵母）	1.0g	1.0%
□ 優格酵母	20g	20%
□ 天然鹽	1.5g	1.5%
□ 蔗糖	20g	20%
□ 優格（原味）	30g	30%
□ 蛋液	30g	30%

＊ 使用全蛋散過篩的蛋液。

□ 焦香奶油（作法如下）	10g	10%
□ 無鹽奶油	20g	20%
□ 金色巧克力	20g	20%

＊淺褐色的白巧克力。VALRHONA生產。

總量	252.5g	252.5%

□ 手粉（高筋麵粉）	適量

→烤箱請於烘烤前30分鐘開始預熱至250℃。

焦香奶油的製作方法

在鍋內放入50g的無鹽奶油，開小火，煮至奶油變成焦茶色之後離火。將鍋子放在濕布巾上，以固定焦香奶油的顏色如圖ⓐ。放入冰箱使其冷卻凝固後使用。。

ARRANGE IDEA
亦可將金色巧克力改換成酸味較強烈的高純度苦甜巧克力。

→ 麵團的詳細製作流程請參考P.75至P.79。

① 〈揉麵〉將麵粉與酵母粉放入塑膠袋中混合均勻。

② 在調理盆內放入鹽、蔗糖、優格、蛋液與優格酵母，以打蛋器攪拌至蔗糖溶解即可。

③ 後續作法同布里歐麵包的步驟**3**至**10**（P.75至P.76）。

④ 以手指將切成薄片的奶油與焦香奶油捏碎，各取⅓的量置於麵團中央。

⑤ 如同將奶油抹入麵團般，推開延展成約12cm左右的方形。

⑥ 重複步驟④，將剩餘的兩種奶油置於麵團上，再次進行步驟⑤的動作，將麵團推開延展成約20cm左右的方形。後續作法同布里歐麵包的步驟**14**至**21**（P.76至P.77）。

⑦ 進行「以刮板鏟起麵團→將麵團轉為橫向→拿起麵團摔在作業檯上→對摺」的步驟，重複6次為一組，總共進行3組，摔打麵團的力道由「輕→重」。每一組動作完成後，需讓麵團鬆弛30秒（參考P.77）。

⑧ 將捏碎的金色巧克力平均鋪在麵團上，重複進行8次「以刮板對半切開麵團後重疊→以手壓緊」。

⑨ 重複6次「以刮板鏟起麵團→將麵團轉為橫向→拿起麵團摔在作業檯上→對摺」的步驟，靜置室溫10分鐘使其鬆弛。

⑩ 再重複6次「以刮板鏟起麵團→將麵團轉為橫向→拿起麵團摔在作業檯上→對摺」的步驟。完成的麵團溫度為27℃。

⑪ 〈一次發酵〉輕輕將調整好的麵團放入密封容器內，以30℃發酵1小時後，，放入冰箱冷藏一晚（12小時以上）使其緩慢發酵。

⑫ 〈分割・滾圓〉待麵團膨脹至1.5～2倍後，刮板沿容器壁面插入，往中央推擠麵團，反轉容器將麵團倒在撒好手粉的作業檯上。

⑬ 使用電子秤將麵團分成2等分（1個約125g）。

⑭ 〈成型〉取一個麵團，以手壓開至直徑10cm左右。

⑮ 重複進行4次「將麵團由上往下摺至距離邊緣1cm處→麵團旋轉90度」的步驟（參考P.79）。

⑯ 麵團的左上角往中央摺入。右下角也以相同的方式摺至中央。

陶製的咕咕霍夫模型能夠從內側溫和的加熱麵團，因此可以烤出柔軟的麵包。焦香奶油與金色巧克力可以補足麵包的香氣，是一款無論看到、吃到都會很開心的麵包。

⑰ 其餘兩角也依步驟⑯的方式摺入。

⑱ 將麵團放在手掌上，調整成圓形。其餘的麵團也以相同方式滾圓。

⑲ 〈最後發酵〉麵團開口朝上，雙手的大拇指和中指如同夾住麵團般，在中央開孔，如圖ⓑ。將麵團放入刷滿奶油的模型內，確實壓入如圖ⓒ。以35℃發酵1小時20分鐘。

⑳ 〈烘烤〉將麵團置於烤盤上，放入預熱至250℃的烤箱，烤盤置於下層，以190℃烘烤20至25分鐘。

ⓑ

ⓒ

麵包機也能作出美味麵包！

只要將材料放入麵包機內，任何人都能成功烤出麵包，對初學者而言是很方便的家電。從前的舊機型只能配合麵包機的功能，使用普通的速發酵母粉，但如今的麵包機幾乎都可以使用天然酵母來製作了，因此可依個人的喜好烘烤出美味的麵包！現在跟著本書一起使用優格酵母，以麵包機烤出不輸手揉麵包的可口麵包吧！由於麵包機的烘烤尺寸是固定的，若使用麵包機來製作麵包，「山形吐司」會是比較適宜的選擇。此處使用了2小時與5小時的製程來烘烤麵包。2小時的製程需要快速作出麵筋，所以酵母粉（とかち野酵母）的量也要加倍。

本書使用機種

Panasonic
製麵包機(容量1斤)
SD-BMT1001

材料　1台份

□ 高筋麵粉	300g
□ 酵母粉（とかち野酵母）	2.5g

* 2小時製程使用5g。

□ 優格酵母	60g
□ 天然鹽	5g
□ 水（20℃）	180g
□ 蔗糖	18g
□ 無鹽奶油	15g

總量	580.5g

作法

將酵母以外的所有材料放入內鍋，再將內鍋放入麵包機裡安裝好。

將酵母放入酵母投入口。

選擇5小時（或2小時）的吐司製程，按下開始的按鈕即可。

左邊為2小時製程，右邊為5小時製程的麵包。
只要有足夠的製作時間，麵團內的麵筋就會確實往上伸展，烤出結構完美的麵包。

自然發酵種&自製法國麵包

自然發酵種依取名的方式,
分成下述四大類:

根據製法命名

例如:中種、液種、老麵。使用任何酵母來製作都行。

以酵母原料命名

例如:葡萄種、草莓種、胡蘿蔔種之類。亦有企業各自開發製作的酵母,如「とかち野酵母」、「星野天然酵母」等。

以國家或地區內傳統的稱呼命名

Levain魯邦(法國)、panettone潘妮朵妮(義大利)、sourdough酸種(德國)、san francisco sourdough舊金山酸種(美國)等。因為是使用小麥或裸麥起種的酵母,所以大多帶有酸味。

依風味或發酵材料命名

麴種、酒種、啤酒花種、優格酵母種等。

自然發酵種分為大的麵包酵母(Yeast)
與自家培養的酵母兩種。

酵母的型態・酵母的源頭(酵母的種類或取得酵母的地區)・
增加酵母的營養源(餵養酵母的材料)・微生物的種類與數量・酸味等,
差異正如圖表所列。

酵母的種類	酵母的型態	酵母的源頭 (酵母的種類或取得 酵母的地區)	增加酵母的營養源 (餵養酵母的材料)	微生物的種類與數量	酸味
麵包酵母 (Yeast)	單一酵母 (只有一個種類的 酵母)	水果・花・蔬菜・ 落葉等	糖等 (+小麥或裸麥+水 +鹽+優格)	酵母占多數	不太有感覺
自家培養的酵母	複合酵母 (2種以上的酵母)	水果・蔬菜・小麥等	小麥或裸麥 (+水+鹽)	乳酸菌占多數 酵母較少	鮮明的酸味

法國自製麵包有明確的定義

廣義來説，只要是自己手揉成型、烘烤而成的麵包都可稱為「自製麵包」。
其中另外劃分出的是「傳統的法國麵包」，
以及更狹義的法國鄉村麵包——
「酸酵母麵包」（使用魯邦種製作而成的麵包）。

自製麵包

範圍廣泛，只要是自己手揉成型、烘烤而成的麵包皆是。使用材料除了小麥、水、鹽
之外，也包含其他的材料。法式山形吐司、布里歐麵包、可頌麵包等都可歸於此類。

傳統的法國麵包

使用小麥、水、鹽、酵母粉（或發酵種酵母）製作而成的麵包，亦可一起使
用酵母和發酵種酵母。法式傳統棍子麵包、黑麥麵包（裸麥麵包）、法式傳
統鄉村麵包等皆屬此類。

酸酵母麵包Pain au Levain

使用小麥或裸麥與水（+鹽）起種的發酵種（Levain）。以pH值
4.3以下的酸性發酵種作成的麵包（非常堅硬的麵包）。

Roti Orang非常嚴格要求以小麥或裸麥起種。
那是因為附著在小麥上的酵母與乳酸菌會將小
麥分解當作養分，隨著小麥發酵的流程，風味
與香氣也會隨之產生。

烘焙 良品 76

從優格酵母養成開始！
動手作25款甜鹹麵包

作　　　者／堀田　誠
譯　　　者／林睿琪
發　行　人／詹慶和
總　編　輯／蔡麗玲
執 行 編 輯／蔡毓玲
特 約 編 輯／李佳穎
編　　　輯／劉蕙寧・黃璟安・陳姿伶・李宛真
執 行 美 編／周盈汝
美 術 編 輯／陳麗娜・韓欣恬
出　版　者／良品文化館
發　行　者／雅書堂文化事業有限公司
郵政劃撥帳號／18225950
戶　　　名／雅書堂文化事業有限公司
地　　　址／220新北市板橋區板新路206號3樓
電 子 信 箱／elegant.books@msa.hinet.net
電　　　話／(02)8952-4078
傳　　　真／(02)8952-4084

2018年05月 初版一刷　定價 350元

經銷／易可數位行銷股份有限公司
地址／新北市新店區寶橋路235巷6弄3號5樓
電話／(02)8911-0825
傳真／(02)8911-0801

國家圖書館出版品預行編目(CIP)資料

從優格酵母養成開始!動手作25款甜鹹麵包 /
堀田 誠著.
-- 初版. -- 新北市：良品文化館, 2018.05
面；　公分. -- (烘焙良品；76)
ISBN 978-986-95927-7-2(平裝)
1.點心食譜 2.麵包

427.16　　　　　　　　　　　107006545

堀田 誠
Makoto Hotta

1971年出生。「Roti Orang」經營者。「NCA名古屋communication art專門學校」兼任講師。由於高中時在瑞士嬸嬸家吃到黑麵包而大受感動，以及大學時在酵母研究室所學的知識為契機，開始對麵包產生興趣，進而選擇提供營養午餐麵包的大型麵包工廠就職。經由工作時期認識的友人介紹，認識了「Signifiant Signifie」（東京・三宿）的志賀大師，開始踏上正統的麵包之路。之後，與當時志賀大師的弟子三人一同開設麵包咖啡店「Orang」。後來因為「JUCHHEIM集團」設立新店鋪的關係，再次承師志賀大師膝下。在「Signifiant Signifie」內工作的第三年，也就是2010年開始經營麵包教室「Roti Orang」（東京.狛江）。著有《Roti Orang的高含水麵包》（PARCO出版）、《鑄鐵鍋烤麵包》、《麵包職人烘焙教科書：精準掌握近乎完美的好味道》（河出書房新社）。

http://roti-orang.seesaa.net/

staff

美術總監・書籍設計／小橋太郎　Yep
攝　　　影／日置武晴
視覺呈現／池水陽子
烘焙助理／小島桃惠　高井悠衣
校　　　閱／山脇節子
編　　　輯／小橋美津子　Yep
　　　　　　田中 薫　文化出版局
發　行　人／大沼 淳

攝影協力／
　cuoca
　http://www.cuoca.com/

　Panasonic
　https://panasonic.jp/bakery/

　MARUMITSU POTERIE（studio m'／sobokai）
　https://www.marumitsu.jp/